Dormez tranquilles jusqu'en 2100

Jean-Marc Jancovici

Dormez tranquilles jusqu'en 2100

et autres malentendus sur le climat et l'énergie

Odile Jacob

15, rue Soufflot, 75005 Paris

www.odilejacob.fr

ISBN : 978-2-7381-3252-9

Introduction

Qui d'entre nous n'a jamais entendu, durant sa scolarité, cette maxime énervante, généralement professée d'un ton sentencieux, lorsqu'on n'a rien compris à la question : « Un problème bien posé est déjà à moitié résolu » ?

La vie se chargera pourtant de nous rappeler à tous, un jour, que la meilleure manière de ne pas résoudre un problème est de se tromper sur la façon dont il se présente. Combien de patients des médecins des temps anciens sont passés un peu plus vite de vie à trépas grâce aux diètes et aux saignées, dont on pensait à l'époque, probablement en toute bonne foi, qu'elles étaient les meilleurs remèdes possible ?

Plus le domaine est technique, et plus les malentendus sont fréquents. Plus l'évolution du reste de la société en dépend, et plus les conséquences de ces malentendus sont potentiellement graves. Avec l'énergie, nous avons tiré le gros lot : toute la société moderne en dépend, et il y a mille occasions de se perdre dans cette forêt peuplée de kilowattheures et de tonnes équivalent pétrole. Dans les débats sur la meilleure manière de bâtir un système énergétique durable, nous devrions donc être particulièrement attentifs à éviter les chausse-trapes, tant les conséquences sont susceptibles de transformer nos rêves de paradis en enfer. Et pourtant, nous n'en faisons rien, et continuons à disserter sur l'avenir à partir d'un problème posé de travers.

La probabilité que nous trouvions la « bonne » voie pour nous diriger vers un avenir sympathique n'est alors pas beaucoup plus élevée que celle d'avoir un triple 6 lors d'un lancer de dés, ou, dans une version plus désagréable, de survivre à trois tirs de roulette russe avec 5 balles sur 6 dans le barillet. Et ce n'est pas un hasard si ce livre évoque les troubles au sud de la Méditerranée et les réfugiés qui ont commencé à toquer à notre porte, la montée des extrêmes droites en Europe, le chômage croissant, la faillite de Lehman Brothers, et d'autres désordres qui, pour le grand public, ne semblent en rien reliés à des kilowattheures, ou plutôt à leur manque.

Une fois tournée la dernière page de ce livre, j'espère que mon lecteur partagera avec moi la conviction que c'est bien ce genre de troubles, et pire, qui sont à redouter si nous ne faisons pas l'effort de remettre à l'endroit la question énergie-climat.

CHAPITRE 1

La croissance reviendra puisqu'elle est indispensable

Votre courbe du chômage est trop haute ? Votre taux d'investissement un peu bas ? Votre production s'essouffle et vos exportations flageolent ? On détecte une petite faiblesse du côté de la construction ? Votre déficit public, par contre, a pris de l'embonpoint ? Quelques inégalités se développent de manière inquiétante ? Et peut-être même faites-vous un peu trop d'inflation ou trop peu, allez savoir ? De toute façon, quelle que soit la pathologie économique dont vous souffrez, le remède est simple : vous avez besoin d'un bon petit coup de croissance, économique bien sûr. La croissance, c'est ce que vendaient autrefois les bonimenteurs de foire avec leur élixir de Jouvence : le produit miracle qui cure tous les maux, soigne toutes les affections. Quelque chose va de travers dans le monde économique ? Il suffit de faire (re)venir la croissance !

Quand on sait de quoi se compose le PIB, et que l'on a la charge des affaires publiques, désirer la croissance est un réflexe logique. En effet, ce PIB – ou produit intérieur brut – représente la valeur monétaire cumulée de tout ce qui est produit dans l'année : biens de consommation, biens d'équipement, services (santé, enseignement, assurance, banque, cinéma, télécommunications…). S'il y a croissance, c'est qu'il y a davantage de biens et de services produits, qui seront ensuite disponibles pour la consommation et les investissements. Si nous regardons les choses de manière plus « physique », le PIB est construit de telle sorte que quand il y a « croissance » il y a plus de mètres carrés construits (et donc moins de problèmes de logement si la population est par ailleurs en hausse), plus de voitures produites, et donc plus de mobilité, plus de frigos et de lave-linge, et donc plus de confort domestique, plus d'ordinateurs et de téléphones, et donc moins de « fracture numérique », plus de services hospitaliers disponibles, et donc moins de problèmes d'accès aux soins, etc.

Comme l'argent ne paye que les hommes qui travaillent ou possèdent des ressources à transformer, mais pas la nature qui met à notre disposition des carrières de calcaire, des sols cultivables, des mines de fer, des gisements de pétrole, de la neige en hiver et le code génétique du hêtre, le PIB mesure aussi la somme des revenus perçus par les « agents économiques » d'un pays (salariés du privé, entreprises, État) dans le cadre du processus de production.

Un monde en croissance signifie aussi que, chaque année, la somme globale des revenus augmente. Il est alors raisonnablement facile de trouver de l'argent pour ceux qui n'en ont pas encore assez – ou qui le pensent, ce qui en démocratie revient au même –, sans pour autant rien enlever aux autres. En période de croissance, on peut donc consacrer plus de moyens aux handicapés sans diminuer ceux qui vont aux transports scolaires ou aux services d'aide aux personnes âgées ; l'hôpital peut gérer de nouvelles pathologies sans pour autant renoncer à celles déjà prises en charge ; il y a de quoi investir dans de nouvelles énergies ou de nouvelles prisons sans baisser ce que l'on mettait déjà dans les routes, les trains, les lycées, les avions de chasse et l'augmentation du nombre de tribunaux. La croissance, c'est donc un monde rêvé pour le candidat aux voix quand le jeu consiste à se faire élire en promettant un peu plus de tout à tout le monde !

À l'opposé, la disparition de la croissance, c'est à coup sûr des courbes de popularité au plancher. Dans ce monde-là, comme le total de ce qui est gagné est stable ou décroissant, il devient arithmétiquement impossible de donner un plus gros morceau ici sans diminuer celui que l'on donnait là. Dans ce monde-là, plus de valeur ajoutée pour les grandes entreprises, c'est moins pour les PME[1], plus d'emplois n'est possible – en moyenne – qu'avec un salaire plus bas, ou moins de bénéfices pour l'entreprise... et alors des capacités d'investissement qui baissent et une rémunération de l'épargne qui diminue. Pas de croissance, et donc des recettes constantes ou en diminution pour l'état ou les collectivités locales, cela signifie aussi que plus de médecins ou de juges engendre nécessairement moins de policiers ou d'enseignants, sauf à trouver transitoirement de l'argent en s'endettant... ce qui est la tactique adoptée par toutes les démocraties depuis les chocs pétroliers, mais même cette recette a ses limites, comme nous le verrons plus bas. Dans ce monde, tout nouveau projet, qui demande nécessairement des moyens qui n'existaient pas avant, suppose par construction l'abandon d'autre chose ailleurs.

Pour le coup, ce genre de situation ne fait pas du tout l'affaire du candidat aux voix, qui, quel que soit le parti, n'a en général que le costume du père Noël dans sa garde-robe. L'absence de croissance viendra alors contrarier les deux principales promesses qu'il a envie de faire : du rab de sucettes pour tout le monde, et des comptes publics bien portants.

Commençons par le second point. Le PIB, techniquement, représente l'essentiel de la base fiscale. Quasiment tous les prélèvements obligatoires sont assis sur une fraction du PIB, c'est-à-dire que leur produit est proportionnel à une partie du flux annuel créé par l'économie. C'est le cas de la TVA (proportionnelle à la consommation, qui est un flux annuel), de l'impôt sur le revenu (et le revenu est annuel...), de celui sur les bénéfices, de la CSG (qui est aussi assise sur les revenus), des taxes sur les carburants, des charges sociales (retraites, chômage, maladie), des droits de

1. Rappelons que les valeurs ajoutées sont cumulatives pour former le PIB : si ce dernier est constant et qu'une catégorie d'acteurs occupe plus de place, alors les autres en auront moins.

mutation, des taxes sur le tabac ou l'alcool, des taxes sur les contrats d'assurance...

Les principaux impôts qui dépendent du stock existant sont les impôts fonciers (qui dépendent du parc immobilier, et non de la construction annuelle), l'impôt sur la fortune (qui dépend du patrimoine et non du revenu) et, plus marginalement, d'autres impôts basés sur la détention de quelque chose (par exemple la redevance télé). Un PIB qui n'augmente plus, c'est donc des impôts qui n'augmentent plus, sauf à accroître le taux de prélèvements obligatoires, auquel cas c'est le revenu disponible des ménages (le « pouvoir d'achat ») qui baisse (puisque les revenus globaux n'augmentent pas). Comment, quand les recettes publiques baissent, assurer les fins de mois des fonctionnaires que l'on ne peut pas licencier, et que l'on a par ailleurs pris l'habitude d'augmenter à l'ancienneté ?

Comment, dans ce contexte, conserver des retraites identiques pour un nombre croissant de personnes âgées – puisque l'âge moyen du décès augmente toujours – avec des cotisations qui n'augmentent pas ? Comment indemniser plus de chômeurs, ce qui arrive précisément quand le PIB patine, alors que les cotisations chômage plafonnent ou baissent ? Comment augmenter les budgets d'investissement pour financer policiers, lycées, hôpitaux, tribunaux, avions de chasse, entretien des routes, et d'une manière générale tout ce qui relève de la « demande de protection », qui, elle aussi, a tendance à augmenter quand le PIB bat de l'aile ?

La stagnation ou la baisse du PIB sont donc synonymes de sueurs froides pour boucler les fins de mois à peu près partout, parce que le système de dépenses publiques des démocraties occidentales a été progressivement mis en place alors que la croissance était « structurelle », avec des dépenses très rigides à court terme, et que le consensus social était de les orienter à la hausse par construction, sans rien avoir prévu pour les baisser un grand coup de manière automatique quand les recettes ne sont pas là. La baisse du PIB contrarie l'élu pour une deuxième raison : il ne peut plus promettre qu'il y en aura plus pour tout le monde, alors même que la compétition électorale se ramène le plus souvent à une surenchère de promesses corporatistes ou sectorielles balayant aussi large que possible.

À ce titre, le programme présidentiel de François Hollande (les « 60 engagements ») de 2012 est emblématique de nos derniers rendez-vous électoraux. On y cherchera vainement la présentation en quelques paragraphes synthétiques d'un grand défi propre à susciter l'enthousiasme pour deux générations, sans nier les réalités de notre temps. En revanche, au fil des pages, on trouve l'assurance que ça ira mieux pour (je cite) les PME, les technologies numériques, l'agriculture, les banques, les fonctionnaires, les projets d'avenir, les technologies vertes, les contribuables, les familles, les retraités valides, les retraités dépendants, les hôpitaux, les médecins, les malades, les locataires, ceux qui aimeraient l'être, les employés précaires, les femmes au travail, les dirigeants d'entreprise, les banlieues, les transports, l'outre-mer, les non-Blancs, les homosexuels, les handicapés, les jeunes avec emploi, les jeunes sans emploi, les jeunes au sport, les personnes en formation professionnelle, les enseignants, les très jeunes enfants, les moins jeunes enfants, les adolescents, les étudiants, les enseignants, les énergies renouvelables, les précaires énergétiques, la rénovation thermique, la création culturelle, les laïcs, les députés, le vote des étrangers, les immigrés légaux, les policiers, les juges, les collectivités locales, et les militaires. Ouf !

Après, il n'y a plus qu'à faire le compte : dès que la liste de tous ceux à qui on a promis quelque chose est terminée, une simple addition donne l'argent dont il faut disposer pour respecter cet inventaire à la Prévert de promesses tous azimuts. Comme il n'est pas question de retirer quoi que ce soit comme « acquis » à qui que ce soit, sauf à la marge (on tape un peu sur les banquiers et les profiteurs, quand même), ces moyens doivent nécessairement s'ajouter à ceux qui existaient avant, et cela donne alors le taux de croissance nécessaire pour avoir assez d'argent pour tout le monde.

Comment ? Le taux de croissance futur serait construit à l'envers, à partir des promesses de campagne ? Allons, un peu de réalisme : vous croyez que le candidat connaît mieux que vous le taux de croissance à venir parce qu'il s'est entouré d'une bande de cracks de l'économie ? Abandonnez cette illusion : il ne le sait pas plus que vous. Sa « prévision » ne doit absolument rien à la fréquentation de cervelles supérieures qui auraient un don divinatoire éprouvé (et on se demande bien comment, quand on sait que le « consensus des économistes » en 2008 était qu'il n'y aurait pas de récession en 2009 !), mais tout à la nécessité de se faire bien voir de toutes les catégories de l'électorat à qui il est persuadé qu'il faut promettre quelque chose.

Lequel électorat viendra ensuite se plaindre amèrement du fait que les résultats ne sont pas là, oubliant un peu vite qu'il n'aurait probablement pas voté pour un candidat tenant un discours de vérité, et expliquant que la physique nous impose désormais de faire avec moins. Le père Noël se porte encore très bien, et un candidat promettant autre chose que la croissance, ou son retour si elle s'est mise aux abonnés absents, a assez peu de chances d'aller poser ses valises à l'Élysée… Comme cela fait deux siècles – huit générations ! – que la croissance est – ou était, plutôt – notre pain quotidien, pourquoi diantre devrions-nous penser qu'il va désormais falloir s'en passer ?

En fait, la bonne question serait plutôt de savoir pourquoi cela fait deux siècles que la croissance a commencé, et pourquoi elle ne l'a pas fait avant. En effet, si nous nous tournons vers le passé plus lointain, la croissance n'a pas toujours été, et tant s'en faut, notre pain quotidien. Entre l'an 0 du calendrier romain et le début de la révolution industrielle (1800, en chiffres ronds), le PIB par habitant n'a quasiment pas varié en Europe. En l'an 1000, le PIB par personne était ce qu'il était en l'an 0, et entre l'an 1000 et l'an 1820, l'augmentation annuelle a été de 0,05 % environ, le faisant passer en presque un millénaire de 450 à 660 dollars de notre époque (le Français ordinaire a donc vécu pendant très longtemps avec l'équivalent de 1,5 dollar de 2014 par jour, chose considérée comme intolérable dans le monde moderne).

Pourquoi, donc, une croissance significative (de l'ordre de 1 % par an ou plus) du PIB par habitant a-t-elle démarré vers 1800 et pas avant, ni après ? La réponse, le physicien et l'ingénieur la connaissent parfois, mais l'économiste (qui est pourtant bien plus près de l'oreille du candidat) ne l'a généralement toujours pas comprise : elle s'appelle le charbon et le pétrole, les chutes d'eau, le gaz et l'uranium. En effet, la croissance « structurelle » date du moment où l'homme a découvert, au début du XIXe siècle, qu'il existait sur terre des substances combustibles, disponibles en quantités considérables, susceptibles d'alimenter des machines à moteur capables de prendre le relais de nos bras et jambes, avec une efficacité bien supérieure et sans cesse croissante.

Ces machines sont désormais partout : bulldozers de mine et hauts-fourneaux, engins de tronçonnage et tracteurs, bateaux, camions et avions, pompes, convoyeurs, grues, monte-charge, emboutisseurs, extrudeuses, fraiseuses, colonnes de distillation, chaudières, sans oublier les lave-linge, lave-vaisselle, trayeuses, montres, fours à micro-ondes, réfrigérateurs, caméras de télévision et téléskis. Entre le début du XIXe siècle et aujourd'hui, nous sommes progressivement passés d'une production essentiellement assurée par nos muscles, parfois aidés par des outils, des animaux ou des machines peu puissantes (comme les moulins), à une production essentiellement assurée par des machines, désormais surpuissantes, simplement commandées ou assistées par des hommes.

Aujourd'hui, quand une ouvrière place des pièces sur un appareil électrique en cours de fabrication qui défile devant elle sur un convoyeur, quand une presse emboutit des tôles grâce à une simple pression sur un bouton, quand un trou est creusé par une excavatrice dont le pilote appuie simplement sur des manettes, est-ce l'homme qui produit avec l'aide de la machine, ou la machine qui produit avec le bon conseil de l'homme ? La bonne réponse est bien évidemment la seconde. En passant de la production – c'est-à-dire la transformation de ressources – permise par les seuls bras et jambes de l'humanité, tirant leur énergie de la seule alimentation (elle-même limitée à ce qui pousse dans l'année), à la production assurée par des machines consommant des combustibles fossiles (charbon, pétrole et gaz), extractibles sans limites apparentes du sous-sol, *Homo industrialis* a considérablement augmenté sa capacité de transformation de l'environnement, et partant la quantité de biens et de services qu'il peut fabriquer en l'espace d'une année, et dont la contrepartie monétaire s'appelle justement le PIB.

La moindre machine est aujourd'hui aussi puissante qu'une petite armée : un moteur de camion – qui consomme du pétrole – est 5 000 fois plus puissant que les muscles de son conducteur. Un moteur de TGV – qui consomme de l'électricité, donc du charbon (40 % de l'électricité mondiale), du gaz (25 %), ou chez nous de l'uranium et des chutes d'eau – est 100 000 fois plus puissant que les muscles de son conducteur ! Dans la moindre usine, la puissance du parc de machines va de quelques centaines à quelques millions de fois la puissance des muscles des ouvriers, et même à notre domicile les « esclaves énergétiques » sont bien plus puissants que nos propres muscles, à commencer par notre voiture qui est des centaines de fois plus puissante que nos jambes.

La voilà, l'origine de la croissance ! Croissance de la productivité, croissance du PIB, croissance de la production industrielle par personne, croissance des surfaces habitables par personne, croissance du nombre d'objets dont nous disposons, peu importe : à l'origine de toutes ces augmentations faramineuses, nous allons toujours retrouver la croissance d'un flux physique, celui de la quantité de ressources naturelles transformée chaque année par un parc sans cesse croissant de machines commandées par l'homme, dont la contrepartie monétaire s'appelle la « valeur ajoutée » ou le PIB. Et ce flux de production croissant a été possible parce que, depuis le début de la révolution industrielle, un Occidental a pu extraire chaque année de l'environnement un peu plus d'énergie – du charbon, puis du pétrole, puis des chutes d'eau, du gaz ou des noyaux fissiles – pour alimenter un parc de machines chaque année un peu plus conséquent.

Il en résulte que la plus élémentaire de nos habitudes modernes fait désormais appel à une armée de machines. Prenons par exemple le fait d'enfiler un sous-vêtement le matin, geste on ne peut plus banal aujourd'hui. Si ce sous-vêtement est en coton, ce dernier a été planté, traité et récolté avec d'énormes tracteurs et moissonneuses spécialisés, puis filé par d'autres monstres mécaniques, teint par d'autres encore (sans compter que la teinture a elle-même été faite par une armée de machines), tissé, découpé et assemblé par encore d'autres machines, puis empaqueté, livré (en camion, donc une machine) à un magasin lui-même construit par des cimenteries, aciéries, engins de carrière et grues, où vous serez venu l'acheter… en voiture dans bon nombre de cas. Des centaines – milliers ? – de machines sont intervenues pour pouvoir enfiler un simple slip ! S'il est en synthétique (cas de toutes les fibres en poly-quelque chose, sans oublier le fameux nylon), alors son histoire a commencé… avec un gisement de pétrole ou de gaz. La chimie organique, qui produit toutes les fibres textiles de synthèse, utilise comme matière première des molécules présentes dans les hydrocarbures. L'affriolante petite culotte rose est un sous-produit de plate-forme pétrolière !

Cette fibre synthétique, une fois produite grâce à des puits de pétrole, oléoducs, supertankers, mégaraffineries et usines chimiques, a elle aussi été filée, tissée, teinte, découpée, assemblée, livrée, à l'aide d'une armée de machines, grâce à quoi nous pouvons l'acheter quelques euros dans un grand magasin au lieu de la payer des dizaines de fois plus cher (en termes réels) si c'étaient des êtres humains, payés au Smic ou plus, qui avaient assuré, manuellement, toutes les étapes de la production avec du coton ou du lin cultivé à la main. Voulons-nous laver ce vêtement ? Toute l'industrie qui va des mines à la sidérurgie, en passant par la chimie de base, de spécialité, l'industrie manufacturière, l'industrie électronique, la fabrication des camions et des magasins, a été mise à contribution pour que nous disposions tous, ou presque, d'une machine à laver, et des détergents qui enlèveront les taches les plus improbables, puisque c'est garanti par la publicité. À nouveau, ce geste le plus banal qui soit serait impossible sans l'armée de machines disponibles un peu partout que nous sommes aujourd'hui capables d'entretenir.

Tant que nous n'avions pas découvert la possibilité de nourrir des esclaves mécaniques avec de l'énergie fossile, chaque Terrien produisait à peu près la même quantité de labeur en une année. Un paysan ici n'était pas beaucoup plus productif à l'hectare qu'un paysan là, et un artisan ici ne faisait pas beaucoup plus de poteries dans la journée qu'un artisan là. Il en résulte qu'avant la révolution industrielle, le PIB d'un pays était, en première approximation, proportionnel à sa population. Cela explique pourquoi, tant qu'il n'y avait pas de machines, le premier PIB mondial a été pendant des milliers d'années celui de la Chine, tout simplement parce qu'il s'agit depuis des milliers d'années du pays le plus peuplé de la planète. Puis, au XIXe siècle, l'Europe et les États-Unis ont mis de plus en plus de machines au travail, grâce au charbon et au pétrole dont ils disposaient dans leur sous-sol, ou celui de leurs colonies ou pays sous influence. Le PIB des pays mécanisés est alors devenu supérieur à celui de l'Empire du Milieu, et cela a pu durer tant que ce dernier n'a pas, lui aussi, mobilisé à son profit un grand parc de machines, utilisant de grandes quantités d'énergie, ce qui est désormais le cas.

Si nous résumons tout ce qui précède en quelques phrases, cela donne ce qui suit : la production économique est une affaire de transformation de ressources naturelles (même pour les services) ; transformer demande du travail ; en transférant ce travail des hommes aux machines qui mobilisent chaque année bien plus d'énergie que nous, nous avons pu augmenter chaque année la quantité de biens et de services disponibles par individu, ce qui a conduit à la fois à la hausse du PIB et à celle du pouvoir d'achat. Ce mouvement a été à peu près indépendant des pouvoirs politiques en place (même s'ils s'en attribuent le mérite !) et, en revanche, totalement dépendant de la quantité d'énergie qu'un pays pouvait se procurer.

La méprise, et donc la faillite du candidat aux voix, vient de ce que, en France comme ailleurs, l'immense majorité des économistes modernes raisonne – ou continue à raisonner, pour être plus précis – comme si c'étaient toujours les hommes qui « travaillaient ». Dès lors, il est logique de penser que le PIB augmentera s'il y a plus de gens au travail. Funeste erreur ! Comme ce sont en fait les machines qui travaillent, le PIB ne peut augmenter significativement qu'en augmentant le nombre de machines en action, et donc, en première approximation, l'énergie disponible pour les alimenter. Dans le monde hypermécanisé que nous avons construit, si le nombre de machines en fonctionnement diminue, soit par pannes et obsolescence, soit parce que l'énergie n'est plus assez disponible, alors le PIB baissera, que les « travailleurs » aient envie de se lever le matin ou pas. Il va falloir revenir à des niveaux de productivité très inférieurs aux niveaux actuels pour que la quantité de gens au travail redevienne le premier facteur limitant de l'économie, comme c'était le cas il y a deux siècles, quand les bases de l'économie classique ont été jetées.

Accessoirement, la physique fait aussi que, dans notre monde envahi de machines, l'emploi suit l'énergie. Les emplois modernes sont en effet, pour l'essentiel, des emplois de « servant de machine ». Pour avoir plus d'ouvriers au travail, il faut avoir plus de machines en fonctionnement. Mais si moins d'énergie entre dans le pays, alors – toutes choses égales par ailleurs – le nombre de machines pouvant fonctionner baisse, et donc le nombre d'ouvriers pouvant travailler baisse. La seule parade est de diminuer la taille unitaire d'une machine, mais cela rend par construction l'employé qui la pilote moins productif, et donc cela augmente les prix de revient. Dans un monde « libéralisé », fournir plus d'emploi en rendant ce dernier moins productif, c'est se saborder. Sacrée quadrature du cercle !

Ce raisonnement s'applique aussi à la construction. Les artisans et salariés y sont des servants des cimenteries, carrières mécanisées, aciéries (25 % de l'acier servent à ériger des bâtiments), usines pétrochimiques (20 % du plastique sont utilisés dans la construction), usines de matériel électrique, sans compter leurs camionnettes, bétonneuses et grues de chantier, etc. Si nous devions revenir aux techniques constructives en vigueur à l'époque romaine (pas de béton puisque pas de cimenteries, pierres extraites des carrières à la pelle et la pioche, transportées par barges, montées par poulie à la force des bras), les logements demanderaient 30 à 1 000 fois plus de temps pour être construits, et surtout coûteraient tellement cher qu'il s'en construirait 50 à 100 fois moins dans l'année, ce qui mettrait au chômage une bonne partie des gens actuellement employés dans le bâtiment. Rappelons qu'il a fallu un siècle pour ériger Notre-Dame, quand une tour à La Défense demande un an, et pour considérablement moins cher en termes réels. Merci pétrole et charbon !

Ce raisonnement s'applique enfin aux services, de manière directe et indirecte. La manière directe, c'est quand un emploi de service dépend directement d'une machine. Ainsi, un serveur de restaurant dépend directement du fait que puissent fonctionner des fours de cuisinière, des camions (pour livrer), une chaudière si le restaurant est en zone tempérée (il faut aussi des clients l'hiver), en encore un lave-vaisselle et un téléphone. Mais ce même serveur dépend, indirectement, du fait que les machines industrielles puissent fabriquer des tables et des assiettes, que les industriels de l'agroalimentaire puissent transformer les productions agricoles pour livrer des frites surgelées, de la viande qui l'est tout autant, quand les plats n'arrivent pas tout préparés. De même, la caissière de supermarché dépend certes de l'existence de sa caisse enregistreuse, mais surtout de l'énergie nécessaire pour fabriquer tout ce qu'il y a à vendre dans le supermarché, et pour faire rouler les camions qui le livreront. Pas d'énergie, pas de caissière de supermarché.

Toujours dans le même esprit, il ne pourrait pas y avoir de crèches sans usines de couches ni fabricants de pots pour bébés ;

seuls les nobles ou les grands bourgeois pouvaient se payer une nourrice il y a quelques siècles. Un million d'assistantes maternelles, d'assistantes de crèche et de nounous (effectif en France actuellement), ce n'est possible qu'avec de l'énergie à gogo !

Ce qui précède amène donc à une conclusion parfaitement contre-intuitive pour beaucoup : quand il y a moins d'énergie qui rentre dans un pays, ce n'est pas une bonne occasion pour remplacer des machines qui ne peuvent plus fonctionner par des hommes, car la différence moyenne de productivité entre les deux reste encore astronomique. C'est avant tout un élément de pression à la baisse sur l'emploi, parce que cela contraint à la baisse le nombre de machines qui peuvent fonctionner, et donc les emplois qui en dépendent. Théorie fumeuse que tout cela ? Hélas non : une baisse involontaire de l'énergie disponible, qui force à la stagnation ou à la baisse un PIB que tant de gens voudraient voir augmenter, et qui propulse la courbe du chômage vers des sommets, c'est exactement ce qui nous arrive depuis 2007.

En 2005, il s'est produit un phénomène dont la quasi-totalité des économistes n'a pas compris l'importance : la production mondiale de pétrole a quasiment cessé d'augmenter. Comment la production de pétrole n'augmente quasiment plus, alors que les États-Unis croulent sous le pétrole de schiste ? Absolument. Elle augmente ici, mais baisse là (par exemple la production de la mer du Nord est en déclin rapide), avec pour résultat que le total mondial est à peu près stable.

Certes, comptée en barils, la production continue d'augmenter. Mais le baril est une unité de volume, pas d'énergie. En outre, dans les statistiques publiques les plus courantes, le pétrole est agrégé avec des sous-produits de l'exploitation du gaz, qui s'appellent des « condensats[1] »

1. Les condensats sont des molécules extraites avec le gaz (et non avec le pétrole) et qui « condensent » en tête de puits parce qu'elles sont liquides à température et pression ambiantes. Il s'agit essentiellement de molécules à 5 atomes de carbone ou plus. Le plus souvent, ces condensats sont comptés avec le pétrole, même s'ils sont extraits avec le gaz, et ce n'est pas totalement illégitime car ils peuvent être incorporés directement aux carburants.

et des « liquides de gaz[1] », qui sont composés de molécules légères, procurant moins d'énergie par baril que les chaînes carbonées plus longues. Le résultat, c'est que la valeur énergétique moyenne d'un baril de « pétrole » extrait de terre baisse. Et nous avons donc ce paradoxe que, en volume, la production de « liquides » continue de croître, mais, d'une part la contrepartie énergétique croît beaucoup moins vite, et surtout, si on ne compte que le « vrai » pétrole, rarement discriminé dans les statistiques, la production stagne plus ou moins depuis 2005.

En outre, une partie des liquides de gaz est impropre à faire des carburants, alors que le pétrole sert avant tout à cela. Compter ensemble le pétrole brut et les sous-produits du gaz (liquides de gaz et condensats) donne une fausse impression de croissance et accrédite en particulier l'idée que le pétrole de roche mère aux États-Unis a permis de relancer les volumes extraits de vrai pétrole, alors que ce n'est pas le cas.

En revanche, ce qui n'est pas stable depuis 2005, c'est le nombre de consommateurs dans le monde : il augmente toujours et, de plus, le pouvoir d'achat des consommateurs les plus aisés des pays émergents augmente, alors que celui des classes moyennes des pays industrialisés historiques a plutôt tendance à diminuer. De ce fait, une fraction croissante du pétrole mondial est absorbée par les pays émergents, au détriment des pays occidentaux, dont l'approvisionnement en pétrole a commencé à baisser depuis 2006. À cela s'ajoute la consommation croissante des pays producteurs eux-mêmes, où les carburants sont le plus souvent subventionnés.

Et c'est ainsi que, depuis 2006, la consommation de pétrole de l'Europe (et de chaque pays européen pris individuellement), du Japon ou de l'Australie… diminue, sans que cela suscite la moindre

1. Il s'agit aussi de molécules issues de gisements de gaz, qui ne sont pas liquides à température et pression ambiantes, mais qui condensent dans les unités de traitement du gaz, où la température est suffisamment abaissée pour provoquer ce changement de phase (on effectue une distillation par le froid pour justement séparer le méthane des autres molécules). Il s'agit essentiellement d'éthane, de propane et de butane (sachant que le principal constituant du gaz est le méthane, CH_4).

réponse politique appropriée, qui aurait notamment impliqué une taxation croissante des produits pétroliers[1]. Entre 2006 et 2014, la consommation européenne de pétrole a baissé, de manière imposée, de plus de 18 % (17 % pour la France, 16 % pour la Grande-Bretagne, 10 % seulement pour l'Allemagne, mais 25 % pour l'Espagne et 35 % pour l'Italie). Même les États-Unis, avec leur pétrole de schiste, consomment 10 % de pétrole en moins en 2014 qu'ils n'en consommaient en 2006, et il faut remonter au début des années 1980 pour retrouver un tel rythme de baisse.

Moins de pétrole sans l'avoir choisi ni anticipé, c'est moins d'échanges, et moins d'échanges, c'est moins de PIB, à une époque où aucun système productif ne se passe de transports à tous les étages. À nouveau, nous allons retrouver la prééminence de la physique, et de ses lois qui ne se négocient pas, sur les désirs des économistes et des candidats aux voix… Pour aller de la mine à la fonderie, de la fonderie à l'usine de composants, de l'usine de composants à l'usine d'assemblage, de l'usine d'assemblage au grossiste, du grossiste au détaillant, et du détaillant au consommateur final, il faut à chaque fois des transports. Si les machines qui assurent ces flux, camions et bateaux, avec quelques trains et avions, ne sont plus assez alimentées en carburants (98 % de ce qui roule, vole ou navigue dans le monde fonctionne avec des produits pétroliers), alors la machine productive globale ralentit, et nous en voyons la traduction dans les euros (ou les dollars) du PIB.

Comme le pétrole est une énergie mondiale (les deux tiers du pétrole produit sur terre passent une frontière entre le pays de production et le pays de consommation), si la production de pétrole n'augmente plus, la baisse de la disponibilité se fait ressentir simultanément un peu partout… et de très nombreux pays en voient la conséquence économique en même temps. C'est pour cela que lors des chocs pétroliers, qui traduisent une disponibilité physique

1. Voir J.-M. Jancovici, A. Grandjean, *Le plein s'il vous plaît ! La solution au problème de l'énergie*, Seuil, 2006.

insuffisante en pétrole, l'économie souffre un peu partout en même temps : la contrainte sur l'insuffisance – physique, insistons bien ! – d'approvisionnement est « répartie » sur un grand nombre de pays.

Cette dépendance de l'économie au pétrole se constate bien dans les chiffres : depuis les années 1980, début de la « mondialisation » accélérée, le PIB par personne (en moyenne mondiale) varie très exactement, avec une à deux années de décalage, comme la production mondiale de pétrole en volume (et pas du tout comme le prix du baril, les statistiques montrant que ce dernier n'a aucun lien avec le PIB mondial, aussi surprenant que cela puisse paraître). Et ce décalage est très clair : d'abord la production de pétrole évolue dans un sens ou dans l'autre, et ensuite le PIB mondial effectue la même variation l'année qui suit, ou celle d'encore après. C'est bien parce qu'il y a plus d'énergie disponible que le PIB augmente, et non parce que le PIB augmente – juste parce que nous en aurions envie – que l'énergie consommée augmente.

N'est-il pas intéressant de noter que les pays du sud de l'Europe, ceux qui ont le plus souffert économiquement depuis 2007 sur notre continent, sont par ailleurs ceux qui dépendaient le plus du pétrole dans leur approvisionnement énergétique ? Plus la part du pétrole était importante dans cet approvisionnement en 2007 (60 % en Grèce, 50 % en Espagne, Italie et Portugal, contre un peu moins de 40 % pour l'Europe en moyenne), et plus dure a été leur chute économique depuis.

À nouveau, la chronologie est très claire : la baisse du pétrole qu'ils consommaient a systématiquement démarré un à deux ans avant la baisse de leur PIB, ce qui invalide à nouveau la thèse selon laquelle l'économie croît ou décroît d'abord pour des raisons mystérieuses qui n'ont rien à voir avec la physique, la consommation d'énergie s'adaptant ensuite. Ajoutons à cela qu'en Europe, le gaz disponible (c'est-à-dire la somme de ce qui est produit en Europe et de ce qui est importé) baisse d'un peu plus de 1 % par an en moyenne depuis 2005, parce que la mer du Nord (qui fournit 60 % du gaz européen) a entamé son déclin cette année-là. Rappelons que tout gisement d'hydrocarbures a une production qui augmente après le début de l'exploitation, puis passe par un maximum avant de décliner ; c'est un processus bien connu dans le monde pétrolier, et parfaitement inéluctable.

Comme l'ensemble « pétrole + gaz » représente 60 % de l'énergie consommée en Europe, et que le charbon est en déclin – par épuisement des mines – depuis des décennies, on comprend que l'Union européenne est désormais en « contraction énergétique » depuis 2006... et que cela va continuer. En effet, ni le nucléaire, actuellement en diminution en Europe parce que les deux premières économies souhaitent s'en passer ou n'envisagent pas de l'augmenter, ni les énergies renouvelables électriques, bien trop capitalistiques pour prendre le relais, ni les gaz de schiste, qui ne produiront jamais de gros volumes annuels en Europe, ni le charbon, largement épuisé sur notre continent, trop émetteur de CO_2 et demandant des infrastructures très lourdes pour pouvoir être importé massivement, ne peuvent compenser le déclin conjugué du gaz et du pétrole dans notre zone, qui atteint de l'ordre de 1,5 % par an actuellement.

Revenons à nos moutons, à savoir les candidats aux présidentielles qui promettent de la croissance aux électeurs. Tant que la disponibilité française et européenne en énergie augmente, la physique travaille pour eux, et ils peuvent promettre tranquilles. L'expansion est là parce qu'il y a plus d'énergie et donc plus de machines au travail, et la distribution du rab de sucettes peut prendre place. Pour son plus grand malheur, Nicolas Sarkozy a été élu pile au moment où l'énergie disponible en France et en Europe a commencé à baisser, de manière forcée, sans grand espoir qu'il en soit autrement. Résultat : il a cru pouvoir être le « président du pouvoir d'achat », mais la géologie et la physique se sont révélées être des adversaires autrement plus coriaces que les autres candidats à l'élection. Elles ont battu à plate couture les déclarations martiales des candidats, et les rêves des mauvais économistes qui s'y étaient associés. François Hollande, qui n'avait manifestement pas plus compris que Sarkozy que ce sont les machines qui produisent, et qu'elles ont besoin de plus d'énergie (et de ressources) pour que le PIB augmente, a fait la même erreur, à savoir promettre une croissance à 2-2,5 % pour les années de son mandat, croissance qualifiée dans son programme de « prudente et réaliste ». Quelle bonne (ou mauvaise) blague !

À ce stade, une question peut néanmoins se poser : ne sommes-nous pas particulièrement mal servis en ce qui concerne nos dirigeants politiques, et la pertinence de leurs visions économiques ? Certains de nos voisins ne semblent-ils pas avoir retrouvé la croissance, ce qui signifierait que face à une même adversité d'aucuns s'en tirent mieux que d'autres ? En fait, après le plafonnement de la production de pétrole qui a démarré en 2005, aucun des pays de l'OCDE n'est revenu à la situation de 2007. Soit leur PIB est toujours inférieur, soit ils ont réussi à revenir ou à dépasser un peu leur PIB de 2007, mais souvent sans retrouver le même taux d'emploi, et surtout au prix d'un endettement qui a explosé... et dont on se demande bien comment il pourra être apuré un jour. Plus le rebond sur le PIB a été important, plus l'augmentation de l'endettement l'a été aussi.

Faisons un petit tour d'Europe pour voir ce qu'il en est. En 2014, le PIB italien est inférieur de 9 % à sa valeur de 2007, et la production industrielle plus basse de 20 %. À l'inverse, la dette publique est passée de 100 à 132 % du PIB[1]. En Espagne, sur la même période, les baisses sont respectivement de 5 % pour le PIB et 24 % pour la production industrielle, et la dette est passée de 35 à 98 % du PIB (un triplement !). Au Portugal, sur la même période toujours, le PIB a maigri de 7 % et la production industrielle de 17 %, pendant que la dette publique a bondi de 68 à 130 % du PIB. En Grèce – qui ne fait certes que 1 % du PIB européen –, on bat des records : – 26 % pour le PIB et – 55 % pour la production industrielle, pendant que la dette publique est passée de 107 à 180 % du PIB...

1. Les données sur le PIB et la production industrielle de tous les pays cités viennent de la Banque mondiale, et celles sur la dette publique d'Eurostat, l'année d'obtention des données étant 2015 dans les deux cas.

Cela irait-il mieux au Nord ? En Grande-Bretagne, le PIB de 2014 est certes supérieur de 4 % à celui de 2007, mais la production industrielle a baissé de 10 % (ce qui pose l'intéressante question de savoir comment on peut se retrouver avec « plus de valeur pour moins de production »), et la dette publique a gonflé de 44 à 89 % du PIB. Les Pays-Bas sont au même niveau de PIB en 2014 qu'en 2007, mais avec une production industrielle qui a baissé de 5 % et une dette publique qui est passée de 43 à 69 % du PIB. Le Danemark voit son PIB baisser de 3 %, et sa production industrielle de 11 %, pendant que la dette publique passe de 27 à 45 % du PIB. La Finlande est bien la voisine du Danemark, avec un PIB plus bas de 5 %, une production industrielle diminuée de 24 %, et une dette passée de 34 à 59 % du PIB. La Suède s'en sort nettement mieux, avec un PIB supérieur de 6 %, mais une production industrielle inférieure de 7 %, et une dette publique qui passe de 38 à 44 % du PIB. La Belgique fait aussi un petit plus sur le PIB (+ 4 %) avec une production industrielle stable, mais voit sa dette publique passer de 87 à 107 % du PIB.

En Europe centrale, entre le « bonheur » des uns (le PIB polonais fait + 24 % sur la période, avec une dette publique qui augmente quand même de 6 points de PIB) et le « malheur » des autres (Hongrie, Bulgarie, Slovénie, Pays baltes…), la situation de 2014 sur le PIB est *grosso modo* la même que celle de 2007. La dette, en revanche, a augmenté un peu partout. Et l'Allemagne, notre icône ? Son PIB de 2014 est supérieur de 5 % à celui de 2007, sa production industrielle a augmenté de 6 %, mais sa dette publique a quand même gonflé de 64 à 75 % du PIB. Et cela n'a été possible que grâce à des exportations records, qui se sont faites pour partie au détriment du déficit commercial – donc *in fine* du déficit tout court – de ses voisins européens. Or tous les pays du monde ne peuvent être exportateurs nets, cela ne boucle pas… Il n'en reste pas moins que le poids lourd économique du Vieux Contient fait mieux que la France, qui voit sa dette publique passer de 65 à

95 % du PIB, pour un PIB supérieur de 2 %, mais une production industrielle en baisse de 8 %.

Au total, le PIB européen a augmenté d'un peu moins de 1 % entre 2007 et 2014, mais la production industrielle a baissé de 7 %, et la dette publique est passée de 60 à 87 % du PIB (92 % dans la zone euro). Et c'est bien grâce à une dette publique en hausse de 4 points de PIB tous les ans que le PIB européen est resté stable. Si l'économie n'avait pas été mise sous perfusion de dette publique, dont on se demande encore comment elle sera remboursée un jour, le PIB aurait baissé. La situation française est donc assez typique de la situation « moyenne » des pays européens. Il ne faut pas confondre un « rebond », c'est-à-dire une situation de croissance revenue un ou deux ans, surtout après un gros plongeon dans l'autre sens, et une tendance de fond qui se matérialise à l'échelle de la décennie.

C'est bien « en tendance » que la croissance a toutes les chances de cesser, et elle aurait déjà cessé si l'endettement croissant n'avait pas été possible. Sans lui, il aurait fallu augmenter le taux de prélèvements obligatoires pour permettre à l'État d'assurer ses dépenses, et une partie de cet argent aurait été autant de moins pour consommer (l'autre partie est reversée à des fonctionnaires qui consomment, et payé à des entreprises qui produisent), ce qui aurait fait baisser le PIB. Mais il est facile de comprendre que la dette publique (sans même parler de la dette privée, qui a *grosso modo* suivi le même chemin) ne pourra pas augmenter indéfiniment avec un PIB constant ou en baisse, ce qui finira par arriver dans pas très longtemps à cause de l'énergie.

Un tel contexte signifierait que la production future ne pourra jamais permettre de rembourser la dette, la capacité de remboursement étant alors uniquement fonction de notre capacité à emprunter encore plus à l'avenir pour rembourser les emprunts passés ! L'endettement croissant d'un État dans un contexte de PIB stable ou décroissant, c'est donc très exactement une pyramide de Ponzi (ou de Madoff). Sauf à inventer la dette perpétuelle (et même perpétuellement croissante), cette affaire va se terminer de la même manière : par du défaut, ou, en version plus soft, par une inflation durablement supérieure aux taux nominaux. Mais si l'inflation se met aux abonnés absents, ça sera nécessairement le défaut, tôt ou tard.

Comme l'argent qui permet à l'État de s'endetter est celui des épargnants (particuliers ou entreprises), cela signifie que, tôt ou tard, l'absence de croissance va transformer une partie de l'épargne (en particulier l'assurance vie) en… du vent. À ce moment, on risque une baisse accélérée du PIB, compensant « dans l'autre sens » la préservation aujourd'hui acquise à grands coups de dette. Au surplus, la préservation actuelle du PIB ne signifie même pas un emploi préservé : au sein de l'Union européenne, 53,4 % de la population âgée de 15 ans et plus avait un emploi en 2008, alors que ce taux est descendu à 51,3 % en 2013[1]. En Espagne, la fraction de la population adulte ayant un emploi déclaré est passée de 53 à 43 % de 2007 à 2013 ; aux Pays-Bas il a perdu 4 points, en Finlande 3 points, au Danemark 6 points, en Italie 2 points, et en Grande-Bretagne 1,5… En France, il a perdu 1,5 point « seulement », à cause du poids de la fonction publique.

À nouveau, seule l'Allemagne a augmenté ce taux. Mais, dans ce dernier cas, la population du pays a diminué de 3 % sur la période – l'Allemagne est le seul pays européen dont la population baisse – alors que le nombre d'emplois est le même en 2007 et en 2013, ce qui fait mécaniquement augmenter ce ratio. Tous les autres pays, avec une population en hausse, et un nombre d'emplois identique, verraient ce ratio diminuer.

Bon, admettons : l'Europe patine, mais ce n'est pas le cas des États-Unis ? À nouveau, le tableau est bien plus mitigé que certaines déclarations enthousiastes parues dans la presse ne le laissent penser. Leur PIB de 2014 est certes supérieur de 8 % à celui de 2007, mais la hausse n'est plus que de 2 % pour le PIB par personne, soit

1. Source : Banque mondiale, 2015.

une quasi-stagnation, comme en Europe (où il baisse de 0,5 %). Exprimée en monnaie constante, leur production industrielle de 2013 est aussi inférieure à celle de 2007, et leur taux d'emploi y a chuté de 4 points entre 2007 et 2013. Les salaires ont baissé, et la dette de l'État est passée de 55 à 100 % du PIB, pour atteindre, comme en Europe, un niveau inégalé en temps de paix.

En effet, la dette des États occidentaux a pu représenter près de 100 % du PIB pendant les conflits, mais elle est redescendue ensuite à cause d'une prospérité retrouvée… grâce à l'énergie. Malgré les gaz et pétroles de schiste, l'approvisionnement américain en énergie est inférieur de 3 % en 2014 à ce qu'il était en 2007. Comme le boom des hydrocarbures non conventionnels ne sera pas éternel (il a, du reste, commencé à baisser mi-2015), comment les États-Unis vont-ils eux aussi apurer leur dette sans énergie en croissance perpétuelle, et donc sans économie en croissance perpétuelle ? On peut assurément dire que le tableau économique américain donne quelques sueurs froides en moins à leurs dirigeants, mais il ne faudrait pas en déduire qu'il est merveilleux…

Le Japon a connu une évolution voisine, avec un PIB identique en 2014 et 2007, mais un produit industriel en baisse de 4 % de 2007 à 2013, et un taux d'emploi plus bas de 2 %. Comme ailleurs, la dette publique a pris un coup d'accélérateur, passant de 150 à 200 % du PIB. Que se passera-t-il le jour où l'épargnant japonais comprendra que son épargne est devenue de fait de la monnaie de singe ?

L'évolution récente n'est, en fait, qu'une version un peu plus marquée d'un processus qui a déjà eu lieu au moment des premiers chocs pétroliers. De 1960 à 1973, alors que la production mondiale de pétrole augmentait chaque année de 8 à 10 % (et l'énergie de 5 à 6 %), le PIB mondial a connu un taux de croissance annuel moyen de plus de 5 %. De 1974 (date du premier choc pétrolier) à 2007, avec une production de pétrole qui n'augmente plus que de 1 % par an en moyenne (et une énergie qui augmente de 2 % par an en moyenne mondiale), le PIB planétaire doit alors se contenter de 3 % en plus par an. Et, depuis 2007, avec un pétrole qui n'augmente plus (mais l'ensemble des « liquides » qui augmente néanmoins d'un peu plus de 0,5 % par an), ce taux de croissance du PIB mondial est descendu à 1,9 % en moyenne (et de 0,7 % par an pour le PIB par personne), au prix d'une explosion inédite de l'endettement public comme privé.

Ce que disent les chiffres ci-dessus, c'est qu'en moyenne le taux de croissance de l'approvisionnement énergétique et, donc, le taux de croissance du PIB mondial ont tendance à diminuer avec le temps. Cela est normal : l'énergie la plus facile à extraire de l'environnement est l'énergie fossile contenue dans les gisements les plus gros et les moins bien cachés, et donc ceux que l'on découvre en premier. De ce fait, les plus forts taux de croissance sur la production énergétique – et donc économique – arrivent au début, et décroissent ensuite. Dans les pays anciennement industrialisés, cette baisse est déjà bien observable : la croissance de l'approvisionnement énergétique a, en tendance, baissé de 1 % par décennie sur le dernier demi-siècle… et le taux de croissance du PIB aussi.

Ainsi, dans les années 1960, les pays de l'OCDE (les pays « industrialisés » : États-Unis, Europe, Japon, Australie, pour l'essentiel) consommaient chaque année 5 % d'énergie en plus ; dans les années 1970 l'augmentation annuelle était plutôt de 4 %, et cette croissance est tombée à… 0 % pendant la décennie 2000. Même aux États-Unis, la consommation d'énergie est passée par un maximum en 2006 ou 2007, entraînant à sa suite une chute de la production industrielle, et donc du PIB « vrai », celui qui correspond aux logements, voitures et biens de consommation disponibles. Or il y a tout lieu de penser que la contraction énergétique va se poursuivre dans un certain nombre de zones, dont l'Europe : la consommation d'énergie devrait y baisser de 1 % par an en moyenne sur la décennie 2010, en attendant une baisse annuelle peut-être encore plus forte dans la décennie d'après.

Dans ce contexte, quel crédit accorder à tous ceux qui disent que « la crise est derrière nous » ? Si nous appelons « crise » le fait de devoir s'accommoder d'un PIB décroissant, il est – hélas – plus que probable qu'elle soit pour l'essentiel devant nous ! Les « flux physiques » – dont la production industrielle fait partie – vont continuer à se trouver contraints à la baisse en tendance, à cause de l'énergie qui est désormais de plus en plus dure à extraire du sous-sol, et le PIB suivra tôt ou tard, parce qu'il est totalement dépendant de flux physiques, même pour les services, comme exposé plus haut. En outre, il est plus que vraisemblable que la baisse du PIB se produise par saccades et non de manière continue. En effet, l'absence de croissance met progressivement sous tension les composantes de notre système économique et social qui n'ont pas été prévues pour. À court terme, chaque composante cherche à résister et à s'en tirer au mieux, nécessairement au détriment des autres. Et puis de temps en temps un point de moindre résistance cède, exactement comme de temps en temps une secousse sismique se produit avec des plaques tectoniques en tension sur la croûte terrestre.

Cela sera une crise bancaire ou financière, la faillite d'une grande entreprise, la cessation de paiements d'un organisme de protection sociale, ou encore le défaut d'un État ; les décennies qui viennent de s'écouler ont déjà fourni quelques matérialisations de tout cela, et il est à craindre que l'avenir nous en réserve en quantité croissante et de plus grande ampleur.

Rien dans ce constat n'est scientifiquement neuf : la « fin de la croissance perpétuelle dans le courant du XXIe siècle » a été théorisée dès le début des années 1970 par une équipe emmenée par Dennis Meadows[1], et si nous avions été un peu lucides, au lieu de croire qu'une conclusion est invalide dès lors qu'elle est désagréable, nous aurions eu quarante ans pour nous préparer tranquillement à ce contexte. Au lieu de cela, nous avons préféré – et préférons toujours – continuer à écouter ceux qui annoncent le retour de la croissance, même quand les faits leur donnent régulièrement tort ! Si nous reprenons les prévisions de croissance du PIB mondial

1. Et vulgarisée au sein d'un livre sobrement intitulé *The Limits to Growth*, Universe Books, 1972.

publiées par le FMI pour les dix dernières années, par exemple, elles sont systématiquement invalidées par les faits. La « prévision » est toujours supérieure de 1 à 2 % à ce qui se passera vraiment. Cela n'empêchera pas de baser les prévisions budgétaires à venir sur les pronostics de cette même organisation – ou de « cousines » qui raisonnent de même et publient des chiffres voisins – faisant preuve du même optimisme excessif !

La bonne question désormais est donc de savoir comment gérer un monde sans croissance. C'est une perspective qui ne nous fait pas nécessairement peur pour notre propre budget : nous savons organiser nos dépenses personnelles sans tabler sur une augmentation, voire en prévoyant que l'on gagnera un peu moins. Le risque de se retrouver « coincé » est alors faible, et si, par extraordinaire, nous avons plus qu'espéré, cela ne nous conduit généralement pas à des situations inextricables. A *contrario*, si nous prévoyons de dépenser plus, en nous disant que nos revenus vont nécessairement augmenter, et que l'augmentation n'arrive pas… c'est le début des ennuis. Pourquoi raisonner différemment pour nos finances personnelles et nos finances collectives ? Aujourd'hui, faire des prévisions budgétaires sans croissance est clairement l'option sans risques. Soit la croissance n'est pas là, et alors on se sera organisé correctement, soit il y en a quand même, et alors il ne sera pas difficile de gérer le surplus.

Bien entendu, un monde sans croissance va poser de sérieux problèmes, même s'il pose aussi – heureusement – de faux problèmes. Commençons par les premiers : dans ce monde-là, l'augmentation automatique à l'ancienneté deviendra impossible, qu'il s'agisse des revenus des actifs ou de la revalorisation des retraites. En effet, puisque la somme à répartir pour l'ensemble des agents économiques restera chaque année la même ou deviendra plus petite, il sera arithmétiquement impossible de donner un peu plus à chacun. Il sera impossible d'augmenter les salaires ici sans les baisser là, ou sans supprimer des emplois encore ailleurs. Dit de manière plus simple : la baisse du pouvoir d'achat deviendra la règle. Dans ce monde, il deviendra par définition impossible d'investir plus pour l'avenir sans baisser la consommation tout de suite, puisque la somme de la consommation de l'investissement représente le PIB. Et si ce PIB n'augmente pas ou baisse, la base fiscale évoluera de la même manière.

Sauf à inventer la dette perpétuelle, le budget de l'État baissera, et ceux qui ont prêté aux États – les épargnants – finiront par ne pas être complètement remboursés. Il y aura encore quelques menus problèmes très concrets à gérer, comme par exemple la baisse programmée des retraites tant que l'espérance de vie augmentera (mais dans un monde sans croissance il n'est pas dit qu'elle augmente encore très longtemps), et autres applications de la règle de trois pour lesquelles le degré de réflexion et de préparation de la classe politique, des médias et des économistes réunis est le plus souvent proche du zéro absolu. Dans ce contexte, il faudra éviter des écueils majeurs : la tentation totalitariste, le capital dilapidé dans des investissements inefficaces parce que la vraie nature du problème n'a pas été comprise, ce qui aggravera encore les ennuis, une mauvaise répartition des rôles entre élus et hauts fonctionnaires, ou encore « laisser faire le marché » en pensant que ce dernier sera mieux inspiré que quelques plans bien conçus où l'État ne faiblit pas sur les responsabilités qui sont les siennes.

Mais, heureusement, il y a aussi de faux problèmes, le premier étant de croire qu'on ne peut rien faire parce que nous allons avoir un peu moins. Nous sommes parvenus à un tel niveau de possession matérielle, même ceux que nous avons l'habitude de qualifier de « modestes », que si nous avons 1 % en moins par an, nous pensons que c'est un drame. Or est-ce une catastrophe si nous avons chacun 1 % d'espace habitable en moins, 1 % de chiffre d'affaires en moins, 1 % de kilomètres en voiture en moins, ou 1 % de temps de téléphone en moins que l'année précédente, ce qui est la traduction directe de 1 % de PIB en moins ?

Le fond du problème, en fait, est que la société est ainsi faite que 1 % en moins de manière globale ne se traduit pas du tout de manière automatique par 1 % en moins pour tout le monde. Certains mécanismes ont cette vertu, comme l'inflation par exemple (tout le monde perd un peu), et l'impôt éventuellement (on peut s'arranger pour que ce soit le cas). C'est bien pour cela que relancer l'inflation devrait faire partie de nos priorités – alors que cela fait des décennies que le mandat des banquiers centraux est justement de faire l'inverse – parce que c'est un des meilleurs moyens de répartir l'effort de manière homogène quand il y a globalement un peu moins dans la cagnotte, ce qui est déjà le cas et a toutes les chances d'être la tendance pour un certain temps à l'avenir.

En revanche, si des mécanismes de répartition ne sont pas mis en œuvre, quand le PIB baisse de 1 %, tous ceux qui le peuvent feront en sorte de conserver les mêmes revenus, voire de les augmenter et, comme il faut bien respecter l'arithmétique, la baisse va se concentrer sur les moins bien armés pour résister… ceux qui ont déjà le moins. C'est ainsi que 1 % de PIB en moins se traduit non point par une fiche de paye diminuée de 1 % pour tout le monde, mais 1 % de la population qui passe du stade « avec emploi » au stade « sans emploi ».

Dans ce monde sans croissance, il va aussi falloir trouver un défi à relever qui motive suffisamment la population pour qu'elle ne se focalise pas avant tout sur la perte d'un peu de son confort matériel, perte que le pouvoir politique aura la tâche de répartir de la manière la plus équitable possible. Ce défi devra être réalisable sans violer les lois de la physique, et devra idéalement permettre de s'attaquer à ce qui fait qu'aujourd'hui notre destin semble nous échapper.

Ce défi, il existe : il s'appelle rendre l'économie durable pour de vrai, c'est-à-dire compatible avec les limites physiques de notre planète. Cela suppose, entre autres choses, de progressivement dissocier nos activités productives des combustibles fossiles, puisque ces derniers sont épuisables, et qu'en outre leur utilisation modifie le climat – et donc notre environnement, qui est notre premier actif – à large échelle. En pratique, que faut-il faire ? C'est assez simple : il faut reconstruire à peu près tout ce qui a été conçu pour « être stable dans l'expansion », et en particulier tout ce qui ne fonctionne aujourd'hui qu'avec une énergie fossile abondante (voire de plus en plus abondante), pour l'adapter à une baisse continue de cette énergie.

Sans tomber dans un fastidieux inventaire à la Prévert, cela signifie dégonfler les mégapoles et retrouver des noyaux urbains de taille plus modeste et bien répartis sur le territoire[1], rendre les bâtiments conservés ou reconstruits aptes à fonctionner sans énergie fossile (optimisation de leur utilisation, isolation, passage à du non-fossile pour le chauffage), baisser très rapidement la consommation des voitures en circulation et multiplier les transports en commun (surtout des autocars au début), puis basculer des carburants pétroliers vers du non-fossile (qui ne peut pas être de l'électricité au charbon ou au gaz[2]), rendre les produits plus réparables et fabriqués en moins grandes quantités, décarboner la production électrique en y supprimant progressivement le charbon, et reconfigurer le paysage agricole pour retrouver des régions plus polyvalentes et une plus grande part de la valeur ajoutée de transformation au sein de la ferme.

Relever ce défi sans retomber dans les conditions du Moyen Âge (où, pour le coup, l'économie était parfaitement durable !) devrait être notre grande ambition à partir de maintenant. Ce défi n'a pas besoin de la croissance : même avec une énergie en baisse, il nous reste assez de moyens physiques pour passer à l'action et tout reconstruire en un siècle. Ce défi permet de tracer la voie pour cinquante à cent ans (et plus !), et permettrait en particulier de forger un consensus au-dessus des alternances politiques, condition de préservation de la démocratie.

Mais ce défi implique une compréhension partagée du problème, et donc le retour de la compétence technique dans les

1. Voir pourquoi dans *Transition énergétique pour tous. Ce que les politiques n'osent pas vous dire*, Odile Jacob, 2013.
2. Rappelons que 40 % de l'électricité mondiale est produite avec du charbon et 25 % avec du gaz.

débats de société (et la lecture du taux de croissance futur dans une boule de cristal ne fait pas partie de la compétence technique nécessaire !), le retour des bâtisseurs et la fin de l'illusion de l'emploi de bureau pour tous, des débats adultes sur la manière de gérer les arbitrages, des médias permettant à la population de prendre de la hauteur de vue sur la base de faits avérés, et ne se contentant pas d'être la caisse de résonance de rouspéteurs de tout poil. Il a aussi besoin de cadres réglementaires bien tracés et stables pour garantir la constance de l'effort sur une durée suffisamment longue.

Comme nous vivons en démocratie, ce défi a nécessairement besoin du soutien explicite de l'électeur, à qui il appartient de prendre ses responsabilités, mais il a aussi besoin qu'émergent dans notre classe politique des personnalités aptes à recueillir les suffrages de ceux qui veulent suivre cette voie, en ayant bien compris ce que cela signifie. Pour le moment, en 2015, force est de constater que l'offre en la matière est maigre, voire inexistante (et ce ne sont pas les Verts qui en sont le plus proches, tant s'en faut !).

Nous ne pouvons désormais plus dire que nous nous occuperons sérieusement des problèmes de long terme quand la croissance sera revenue. La récession sera le lot commun de plus en plus fréquent, et c'est bien dans ce contexte qu'il va falloir trouver des plans mobilisateurs de long terme. Avis à tous ceux qui briguent les suffrages… et à tous ceux qui les élisent !

CHAPITRE 2

L'université pour tous, évidemment

Réserver l'accès aux études supérieures à ceux qui ont le bon niveau scolaire ? Quelle drôle d'idée ! Dans la foulée des événements de Mai 68, la loi Faure – votée sous de Gaulle – stipule que tout bachelier pourra accéder de droit à l'université, avec interdiction pour cette dernière d'opérer une sélection. Sachant que plus de 70 % d'une classe d'âge obtient désormais le diplôme de fin d'études secondaires, cela signifie que la même proportion des jeunes peut s'inscrire de droit à des études supérieures, même si la réalité tourne plutôt autour de 50 %. Ce pourcentage était de 3 % environ avant la Seconde Guerre mondiale !

Historiquement, l'université – ou les grandes écoles, qui en sont une déclinaison particulière à notre pays – avait pour objet de préparer les cadres supérieurs de la nation. Qui pouvait prétendre à cette fonction ? Ceux qui n'étaient pas occupés à une tâche productive « élémentaire », comme cultiver un champ, abattre un arbre, construire un navire ou faire sauter un morceau de granit à coups de barre à mine. Cela représentait moins de 10 % de la population, qui occupait des fonctions dans la haute administration, le commandement de l'armée, l'enseignement, les carrières scientifiques et la direction des grandes entreprises. Le mandat de l'enseignement supérieur était alors en rapport avec les effectifs : tu seras étudiant, mon fils (ou ma fille), pour être préparé à faire partie de l'« élite ».

Mais, en accueillant désormais 50 % de ceux qui ont 18 ou 19 ans, l'université ne peut plus être considérée comme préparant l'élite : elle prépare les salariés « ordinaires ». Or qu'est le salarié ordinaire dans notre civilisation de l'énergie abondante, où les machines produisent à notre place ? Un pilote de machine.

Où sont les machines ? Pour une toute petite partie, dans l'agriculture. Il faut donc quelques pilotes de tracteurs, de moissonneuses, de robots de traite, de chargeurs de silos, de hangars d'élevage de poulets, et d'épandeurs à purin. Ce sont des agriculteurs. Plus les machines sont grosses, moins il y a besoin d'agriculteurs. Mais plus elles sont complexes, et plus il y a besoin de faire d'études (dans le système scolaire ou « sur le tas ») pour les concevoir, les produire et les manipuler.

Une deuxième fraction des machines se trouve dans l'industrie. Il faut deux catégories de personnels pour s'en servir : soit des gens ayant une bonne formation parce que les machines sont complexes à manipuler (machines à commande numérique, lignes de production sophistiquées, etc.), soit des gens qui font des tâches répétitives au service de la machine (ouvriers qui découpent toute la journée le filet de droite – ou de gauche – des poulets qui défilent devant eux sur un convoyeur, ouvriers qui placent une pièce donnée sur un appareil électrique, ouvriers qui remplissent des cartons avec des bouteilles qui sortent d'une ligne d'embouteillage, etc.). Il faudra surtout beaucoup de gens pour concevoir ces machines, les vendre, les maintenir, les financer, expliquer leur fonctionnement, et réfléchir à la manière dont tout cela peut être rendu plus « efficace ». Tous ces gens-là sont dans le « tertiaire ». Un employé du tertiaire, en pratique, est aujourd'hui une personne qui, pour faire son travail, prend appui sur la production physique assurée par les machines et dirige ces dernières, directement ou indirectement.

Il y a d'abord du pilotage direct de machines. C'est le cas pour les conducteurs de trains, de camions, de bus, de navires ou d'avions.

C'est le cas pour les réparateurs de tout poil, souvent dotés d'une camionnette et d'une foultitude d'engins électriques pour soulever, ausculter, visser, peindre, etc. Et ceux qui travaillent dans un bureau ? Ils pilotent aussi des machines. Ils le font en direct dès qu'ils ont un ordinateur, une photocopieuse ou un ascenseur à prendre, mais surtout ils dépendent de machines situées ailleurs. Le négociant en céréales dépend des moissonneuses-batteuses ; l'employé de la Sécu dépend des scanners, IRM, ambulances, échographes, lignes de production de médicaments et de vaccins, et encore des camions postaux et des chaudières d'hôpital.

Le vendeur dépend de la machine qui a fabriqué le produit, et l'enseignant des rotatives qui impriment les manuels. Et si l'on prend le problème non du point de vue des hommes mais des machines, pour une machine industrielle on a un emploi de pilotage direct, et quantité de gens qui la pilotent indirectement. Et ces emplois-là sont le plus souvent dans le tertiaire.

De fait, c'est bien au tertiaire que prépare l'essentiel des formations universitaires. Le futur diplômé du supérieur n'ira que rarement faire pousser des patates, poser des tuiles, ou tronçonner des arbres dans la forêt ; il ira plutôt au bureau, c'est-à-dire qu'il travaillera dans des activités de services. Il aura par exemple une fonction commerciale (la vente représente plus de 2 millions d'emplois en incluant les caissiers de supermarché et les VRP), travaillera comme banquier ou assureur (750 000 personnes), sera agent administratif (quelques millions de personnes), ou enseignant (près de 1 million de postes), ou encore comptable, juriste ou assistant(e) sociale... Rares sont les postes indiqués ci-dessus qui s'obtiennent avec un simple bac : même un simple vendeur dans une grande surface est souvent bac+2.

Par ailleurs, notre diplômé du supérieur travaillera le plus souvent en ville, et ce n'est pas un hasard. En effet, qu'est-ce qu'une ville ? C'est un lieu construit pour faciliter les échanges de biens produits ailleurs. De fait, les ressources pour produire ne sont pas en ville : ni mines, ni terres à blé, ni bois, ni pierres ne s'y trouvent en abondance. Par contre, si nous avons quelque chose à échanger, c'est quand nous sommes côte à côte que les transactions vont le plus vite. Et donc, plus nous avons de choses à échanger, plus il y a de villes ! Toutes les villes du monde comportent des lieux d'échange que sont la place de marché, où se passe le commerce des biens, les écoles et universités, où ont lieu les échanges de connaissances, les lieux de culte, où nous partageons croyances et valeurs morales, et enfin les représentations du pouvoir administratif (mairies, préfectures, tribunaux, etc.), où l'objet de la transaction est d'ordre social.

Or le tertiaire désigne certes les services, mais ces services sont pour beaucoup basés sur des échanges. Les sociétés de transport, banques, assurances, et services informatiques procèdent à des échanges : de marchandises pour les transports, d'argent pour les banques, de garanties pour les assurances, et de kilobits pour les informaticiens ! Même la crèche n'est rien d'autre que l'échange d'une mère permanente contre une mère temporaire (environ 1 million de personnes travaillent dans la garde d'enfants en France).

Tant que les déplacements étaient lents, c'est-à-dire avant la démocratisation des moteurs de toute nature (grâce à l'énergie disponible pour les faire fonctionner), ces lieux d'échange étaient toujours au centre des villes, car c'est ce qui permettait de les mettre au plus près d'un maximum d'utilisateurs. Toute ville ancienne est structurée sur le même modèle : au centre se trouvent la place de marché, l'église, l'école, la préfecture et l'hôtel de ville, les habitations étant assemblées autour. À l'époque de la seule marche à pied (et du cheval pour les plus fortunés), c'est ainsi que l'on optimisait la quantité d'échanges par unité de temps dans un espace donné. C'est seulement quand la voiture pour tous est devenue notre quotidien que l'on a pu mettre ces lieux d'échange un peu n'importe où, et que sont apparus grandes surfaces, lycées et annexes de la préfecture en banlieue, voire « au milieu de nulle part ».

L'énergie abondante a aussi permis la multiplication des objets à échanger, ce qui a permis de créer des emplois en quantités croissantes pour les vendre, les financer, les promouvoir, et enseigner comment les faire (et comment les vendre, les financer, etc.). Il a aussi fallu de plus en plus de monde pour gérer de plus en plus de règles devenues nécessaires pour organiser un monde physique de plus en plus complexe et varié. Avec l'abondance énergétique et la croissance des villes sont apparues d'autres activités, tertiaires également, qui impliquent qu'un nombre suffisant d'habitants soient concentrés au même endroit. C'est par exemple le cas des activités médicales : avec un village de 500 habitants, on peut « entretenir » un médecin généraliste, mais pour justifier l'existence d'un chirurgien spécialisé dans la cataracte, il en faut davantage.

Revenons à la promesse de faire passer tout le monde par l'université. Elle signifie en pratique que nous pouvons vivre dans un monde qui peut occuper l'essentiel de la population comme technicien supérieur ou cadre, essentiellement dans le tertiaire, et donc essentiellement en ville, avec si possible une « mégapolisation » de cette dernière. Malheureusement pour nous, ce genre d'organisation sociale demande un prérequis : que l'emploi dépende de manière croissante de la machine. Il faut que la production (effectuée en dehors des villes, raison pour laquelle les urbains croient que la société est devenue « dématérialisée ») engendre tellement de flux que la gestion directe et indirecte des flux en question (réalisée dans les bureaux et en ville) et l'occupation du temps libre dégagé par l'absence de tâche productive permettent d'occuper 80 % de la population active.

Jusqu'en 2008, c'est bien ce monde qui s'est progressivement mis en place, avec une production industrielle qui n'a jamais cessé d'augmenter. Jusqu'en 2008, jamais l'économie occidentale n'avait produit autant de tables, de chaises, de mètres carrés de bâtiment, de voitures, de plats surgelés ou de télévisions, jamais les machines n'avaient effectué une part aussi importante de la production, et jamais on n'a eu besoin d'autant de gens dans le tertiaire pour gérer cette complexité. Illusion statistique, nous avons souvent cru que les flux industriels baissaient parce que le nombre d'ouvriers baissait.

Mais ce n'était pas le cas, tout simplement parce que les hommes étaient remplacés par des machines, bien plus puissantes qu'eux. Par exemple, un laminoir industriel, d'une puissance de 100 mégawatts, écrase l'acier comme le feraient 10 millions de paires de bras ! Et pourtant il est piloté par… une seule personne.

Une seule personne suffit aussi à piloter en continu une cimenterie ou une papeterie, et même une raffinerie ou une centrale nucléaire ne mobilisent pas plus de quelques individus. Mais ces engins surpuissants créent des flux massifs d'objets qui ensuite « créent » des millions d'emplois pour la deuxième transformation, et surtout la vente, la comptabilité, le financement, la réparation, la mise en œuvre, le conseil, la publicité, l'entreposage, etc.

Dans un monde infini, avec une quantité infinie d'énergie à disposition, cette organisation peut perdurer indéfiniment. Malheureusement pour tous ceux qui ont cru à la promesse d'emploi comme cadre du tertiaire pour tous, dans notre monde fini cet équilibre est instable, parce que les flux physiques massifs qui le sous-tendent demandent des quantités massives d'énergie. Or, depuis 2006, soit deux ans avant le crash, pétrole et gaz ont commencé à se faire moins disponibles dans les pays de l'OCDE. Cette contraction du pétrole a engendré une contraction des échanges. La production industrielle ayant partout et tout le temps besoin d'échanges intermédiaires (entre la mine et le haut-fourneau, entre le haut-fourneau et l'usine, entre le fabricant de composants et l'assembleur, entre le fabricant de produits finis et le magasin), on assiste également à une baisse de la production « physique » dans l'OCDE depuis 2007. En Europe, cela s'observe par exemple sur les produits industriels, les mètres carrés construits, et les tonnes-kilomètre de fret routier.

En conséquence de cette diminution des flux physiques, il va y avoir besoin de moins d'emplois tertiaires pour vendre, administrer, financer ou former. Et, à mesure que l'énergie disponible va baisser – ce qui va se produire dans un nombre croissant de pays de l'OCDE, et est déjà l'avenir prévisible en Europe –, les flux physiques vont se contracter de même que l'emploi tertiaire urbain. Autant pour la dématérialisation ! Cette évolution va inverser ce que nous avons cru être l'ordre normal des choses pendant deux siècles : désormais, il faudra – en tendance – des travailleurs manuels en quantité croissante et des employés de bureau en quantité décroissante, à commencer par ceux qui ont reçu une formation dite littéraire (langues, sociologie, psychologie, une partie des formations en économie, etc.), qui sont les plus éloignés de la production physique de terrain.

Il suffit de regarder autour de nous : l'« échec » de la promesse de 1981 est déjà en train de se matérialiser. L'université pour tous, comprise comme l'accès à un emploi de bureau pour tous, a connu son apogée. La seule promesse qui tienne, désormais (et qu'il faut tenir), c'est l'emploi pour tous, et cet emploi aura certes besoin d'une formation préalable, mais elle sera de plus en plus technique et de plus en plus appliquée, et ira aussi avec une rémunération de plus en plus basse en termes réels. La formation universitaire comprise comme le canal classique d'accès à l'emploi devra, de plus en plus, être réservée à une fraction minoritaire de la population et, parallèlement, il faudra un développement de l'apprentissage, formation moins directement tournée vers l'emploi de bureau, et qui ne doit plus être considéré comme une formation de deuxième zone. Conseil à ceux dont les enfants ne savent pas quoi faire : devenez plombier ou maraîcher, ça sera peut-être moins confortable que d'être assis dans un bureau, mais il se peut que cela soit de plus en plus facilement valorisable que quatre ans de psycho !

CHAPITRE 3

Dormez tranquilles jusqu'en 2100

Il faut vraiment ne jamais avoir ouvert un journal, ne jamais avoir écouté une radio ou allumé une télé pour ignorer que, « si nous ne faisions rien », la température planétaire pourrait avoir grimpé de quelques degrés en 2100 à cause du changement climatique.

Hélas pour ceux qui aimeraient que l'on se remue un peu plus sur la question, il est vraisemblable que cette affirmation répétée à l'envi a pourtant conduit à l'exact inverse du résultat souhaité. Et ce n'est pas le monde scientifique qui porte l'essentiel de la responsabilité : *via* le GIEC, il s'est fatigué à produire tous les cinq ans un rapport de quelques centaines à quelques milliers de pages qui comporte bien plus que cette conclusion, la seule qui ait pourtant été largement reprise par les médias. De fait, pour les scientifiques, cette échéance du siècle n'est pas liée à une quelconque considération sur un seuil de danger qui serait franchi à ce moment-là et pas avant ou après. Il s'agit seulement de la conséquence de la normalisation des simulations. Pour pouvoir comparer les résultats, et par ailleurs tenir compte des composantes « lentes » du système climatique (en particulier l'océan), toutes les simulations climatiques sont faites *a minima* jusqu'à la fin du XXIe siècle.

Ces simulations fournissent l'évolution de tout un ensemble de paramètres – température, précipitations, salinité et pH de l'océan, vent, évolution des calottes glaciaires, humidité des sols, débit des rivières, et j'en passe – sur cette plage de temps, et avec le détail par grande région du monde. Ces résultats sont rapportés de manière exhaustive dans la littérature scientifique, et pour une année donnée (par exemple 2047) et un lieu donné (par exemple l'océan Arctique ou l'Asie du Sud-Est), il est possible de disposer de fourchettes pour chacun de ces paramètres. Et, entre autres choses, toutes les simulations fournissent la température moyenne de la planète en 2100, puisque c'est la date minimale pour la fin de toute simulation. Or, quand on passe de la littérature scientifique aux médias de masse, c'est la conclusion la plus fréquemment disponible et la plus facile à comprendre qui va gagner.

Le supplément de température moyenne en 2100 remplit alors toutes les conditions : il est toujours présent, 2100 est un nombre facile à retenir, et enfin la température est une grandeur courante, à la différence du pH de l'océan ou de l'humidité des sols. Cette augmentation potentielle de température s'est alors imposée comme *le* résultat emblématique du changement climatique dans la communication grand public. Mais en quoi parler de quelques degrés de hausse du mercure en un siècle aurait poussé à l'inaction ? La première des raisons est liée à l'échéance. 2100, c'est loin ! À cette époque, je serai mort, mes enfants aussi, et d'ici là il me reste quelques menus problèmes à régler, comme boucler la fin du mois, garder mon job, rester en bonne santé, ne pas me faire cambrioler, et autres bricoles qui me préoccupent à plus court terme.

Si nous passons à l'étage des gens qui « dirigent », que ce soit l'économie ou la politique, il n'est pas difficile de comprendre que leurs problèmes sont aussi à plus court terme pour l'essentiel. Enfin, à supposer que l'on soit très motivé pour agir, avec une telle échéance il devient difficile de se départir de l'idée que l'on fait des efforts aujourd'hui pour un résultat que l'on ne verra même pas.

En martelant cette date de 2100, la presse a donc – involontairement – accrédité une première fois l'idée que les ennuis sont encore très éloignés, et qu'il reste largement le temps de s'occuper de ce problème. Un deuxième effet « faussement rassurant » est lié à ce résultat emblématique de quelques degrés de hausse en 2100. En effet, « quelques degrés de hausse », ce n'est pas du tout une affirmation qui fait peur, mais au contraire qui rassure. Comme tous les animaux, avant d'utiliser de puissants raisonnements abstraits, la première chose à laquelle nous nous référons est tout simplement nos sens. Or quelques degrés de variation de température, nos sens l'expérimentent tous les jours. Aux moyennes latitudes, entre l'aube et le milieu de l'après-midi le thermomètre grimpe de 5 à 15 °C, et la différence entre l'aube en hiver et l'après-midi en été peut atteindre 40 °C dans une vallée de montagne.

Alors, pourquoi s'affoler quand nous entendons parler de quelques degrés de variation dans un peu moins d'un siècle ? Et quand, pour illustrer les conséquences déjà visibles du changement climatique, la presse ne parle pas de la baisse de rendement des cultures ou des dépérissements d'écosystèmes, mais de la fonte de la banquise qui permettra de raccourcir les routes maritimes (pour ce qu'il restera de pétrole !), il devient urgent de s'occuper d'autre chose.

Pour comprendre ce que ces quelques degrés d'ici 2100 signifient vraiment, il faut insister sur deux points qui ne sont que rarement portés à l'antenne : une moyenne planétaire est imperceptible à nos sens, et, par ailleurs, il faut comparer la variation que nous pourrions provoquer avec ce que le climat a connu dans le passé pour savoir si ces fameux quelques degrés sont anecdotiques ou redoutables. Commençons par la différence entre température locale et moyenne. Cette dernière est, par définition même, obtenue en agrégeant toutes les températures locales, et ce tout au long de l'année, pour obtenir quelque chose qui ne se mesure nulle part, mais représente la meilleure vision de « l'ensemble de ce qui se passe ».

Ce qui se passe « en moyenne » n'est jamais le reflet de ce qui se passe en un lieu précis. Alors que la température en France ou au Brésil varie de plusieurs degrés dans la journée, et de plusieurs dizaines de degrés dans l'année, la moyenne planétaire, elle, se caractérise par une remarquable stabilité à l'échelle de l'année ou du siècle. En effet, quand l'hiver s'installe à Paris, c'est l'été qui arrive à Melbourne, et quand la nuit tombe à Strasbourg, le jour se lève à Lima. À l'échelle de la journée ou de l'année, la température monte donc ici pendant qu'elle baisse là, de telle sorte que la moyenne bouge très peu. En outre, elle varie bien plus fortement sur les terres émergées, où nous habitons, que sur l'océan, qui recouvre les deux tiers de la surface planétaire, mais où personne n'habite. Si nous suivons la température moyenne du globe sur les derniers milliers d'années, nous verrons alors qu'elle n'a que très peu varié, et il est vraisemblable que c'est précisément cette stabilité qui a permis à la civilisation sédentaire, basée sur l'agriculture, et dont nous sommes les héritiers, d'apparaître. Pour trouver une variation de quelques degrés de la moyenne planétaire, il faut remonter bien avant la sédentarisation de notre espèce, et il ne s'agissait pas d'un changement mineur. En fait, 5 °C de hausse de la moyenne, c'est à peu près ce qui s'est produit quand notre planète est passée de la dernière ère glaciaire, qui a connu son point le plus froid il y a vingt mille ans environ, au climat actuel (ou plus exactement à ce qu'il était il y a un siècle, avant le début du réchauffement d'origine humaine).

Cette transition – la déglaciation – a duré environ cinq mille ans, pendant lesquels le climat s'est réchauffé d'environ 0,1 °C par siècle. Ces 5 °C de hausse ont suffi pour faire monter le niveau de l'océan de 120 mètres (en faisant fondre les énormes glaciers qui se situaient sur la Scandinavie et sur le Canada), pour changer du tout au tout la végétation des moyennes latitudes, la répartition des écosystèmes… et permettre l'apparition d'hommes sédentaires aux moyennes latitudes.

Et alors ? Nos ancêtres se sont bien adaptés à cette évolution, puisque nous sommes là ! Mais s'adapter, à l'époque, n'était pas exactement s'adapter aujourd'hui. Les hommes étaient quelques millions sur la planète, ils vivaient par groupes de quelques dizaines ou centaines d'individus, n'étaient pas sédentarisés (et donc facilement mobiles), n'avaient pas grand-chose à transporter avec eux quand ils changeaient de grotte ou pliaient la tente, et surtout le chef ne demandait pas vraiment l'avis de ses administrés avant de décider si l'on allait s'installer ailleurs. Si d'aventure quelques membres de la tribu entendaient protester, cela se réglait assez rapidement à coups de massue, sans tribunaux ni caméras de télévision.

En outre, l'Insee de l'époque ne dit pas quelle fraction de l'espèce a laissé sa peau à l'occasion de ces migrations pour la survie. Rappelons que la perpétuation d'une espèce s'accommode fort bien d'une division par deux du nombre de ses représentants, comme les grandes pestes du Moyen Âge l'ont prouvé un peu partout. Au vu de cet élément de référence (5 °C signifient l'équivalent d'une déglaciation), il est facile de comprendre qu'une hausse de même ampleur, qui surviendrait 50 à 100 fois plus rapidement et serait appliquée à une humanité sédentaire de quelques milliards d'individus, ne serait probablement pas une partie de plaisir.

Tout d'abord, le déménagement rapide pour quitter un lieu devenu inhospitalier sera moins facile qu'autrefois : nous avons mis des siècles ou des millénaires à construire une quantité incommensurable d'objets de toute nature – villes, voies de communication, réseaux, usines, etc. – que nous ne pourrons pas prendre sur notre dos si nous souhaitons nous installer ailleurs. S'en aller signifie donc perdre tout cela, et repartir de pas grand-chose là où seront les vertes contrées de demain. Combien de morts si, en migrant, nous perdons logements, moyens de transport, hôpitaux, usines et silos à grains ? Et puis partir pour aller où ? Ailleurs, si le lieu est hospitalier il y aura déjà quelqu'un qui, selon toute vraisemblance, sera à moitié ravi de voir arriver du monde en masse, et sera probablement tenté de l'empêcher par tous les moyens. Et, s'il n'y a personne, alors il n'y aura pas d'infrastructures, et le retour au Moyen Âge ne sera pas une vue de l'esprit !

Ce retour vers le passé offre un deuxième élément précieux pour comprendre que le plus grand danger n'est pas l'effet physique sur nos organismes d'une hausse des températures. Après tout, les Bédouins vivent avec des températures dépassant les 40 °C dans la journée (et les Inuits passent l'hiver boréal dans un igloo). Ce qu'il faut comprendre, c'est que la température moyenne n'est que le marqueur d'un changement global, qui affaiblira nombre des composantes nécessaires à notre survie ou à notre bien-être. En particulier, une chose est indispensable avant toute autre pour les animaux que nous sommes : manger. Or la dérive climatique va affaiblir le rendement des cultures, par stress hydrique et thermique, et cela a déjà commencé. Pour le moment, la pression n'est pas encore trop forte, et par ailleurs mécanisation, stockage, phytosanitaires et engrais sont suffisants pour que le problème reste largement sous contrôle.

Mais, avec le temps, les conditions néfastes pour les cultures risquent d'être plus fréquentes, et par ailleurs l'énergie abondante finira par être un vieux souvenir ; or toutes les aides mentionnées ci-dessus en sont directement dérivées. Quand nos esclaves mécaniques et chimiques deviendront de moins en moins disponibles, alors que sécheresses, inondations, et ravageurs de toute nature (champignons, virus, insectes…) se manifesteront de plus en plus souvent, le retour de sérieux problèmes d'alimentation n'est pas du tout à exclure.

La deuxième conséquence qui risque de faire de gros dommages est l'atteinte aux infrastructures. Dans un monde où l'énergie – donc la capacité de reconstruction – ira en diminuant, chaque nouvelle tempête, inondation, sécheresse (qui fissure les murs) provoquera des dommages aux infrastructures qui seront un peu plus difficiles à réparer. Et ce que nous verrons à ce moment-là, ce ne sera pas des gens qui meurent de chaud, mais des problèmes économiques (car la disparition brutale d'infrastructures provoquera des crises économiques, locales au début, mais de plus en plus globales) et des ruptures sociales et politiques bien plus sévères encore. Si j'avais un pari à faire, je dirais volontiers que le changement climatique provoquera ses effets les plus délétères au travers de violentes crises économiques, sociales et politiques, dont le déterminant premier sera alimentaire ou économique. Et ce pari est d'autant plus facile à faire que nous avons déjà quelques exemples sous les yeux.

Le premier d'entre eux est tout simplement... le « printemps arabe ». Comment, ce soulèvement aurait un lien avec la question énergie-climat ? Ne s'agit-il pas plutôt de révolutions visant avant tout à se débarrasser d'un pouvoir illégitime ? Il est possible que le peuple des pays concernés ait considéré que le pouvoir en place était illégitime. Il est tout aussi possible que cela ait contribué à lui donner envie de descendre dans la rue, voire à prendre les armes pour certains, mais il est absolument certain, en revanche, que ce soulèvement est arrivé à un moment où une fraction significative de la population ne parvenait plus à se procurer commodément à manger, et cela est directement en lien avec la question énergie-climat. Ventre vide ou envie de démocratie le ventre plein, à votre avis quel est le plus puissant déterminant pour pousser un peuple à la révolte ?

Revenons un an avant le déclenchement de ces événements, à l'été 2010. La Russie connaît alors une canicule inédite, qui ressemble par bien des aspects à ce qui s'est produit en France en 2003. Sous l'effet de températures et de sécheresses sans précédent, la forêt brûle en abondance et, surtout, les rendements des cultures céréalières sont presque divisés par 2. Si l'épisode est inédit, il n'est en rien surprenant pour les scientifiques du climat. En effet, il y a longtemps que leurs modèles indiquent que, sur une planète qui globalement se réchauffe, la Sibérie centrale connaîtra de plus en plus souvent des épisodes de ce type.

En régime « normal », la Russie produit près de 100 millions de tonnes de céréales par an, dont une fraction significative (plusieurs dizaines de millions de tonnes) est exportée. Ces quelques dizaines de millions de tonnes, si elles ne représentent que 1 à 2 % de la production mondiale, représentent une fraction bien supérieure des échanges internationaux. En effet, les céréales voyagent peu : quasiment 90 % de la production mondiale est consommée dans le pays de production. Incidemment, les 10 % qui font l'objet d'échanges internationaux fixent les prix pour les échanges domestiques, ce qui est absurde à plus d'un titre, mais là n'est pas le propos pour l'heure. Si l'on se limite au commerce international, la Russie, exportateur historique, fournit alors plus de 10 % des volumes qui passent une frontière.

En 2010, suite à la canicule, la Russie décide en plein mois de juillet de ne pas exporter cette année-là. Conséquence : le cours du blé sur les marchés mondiaux augmente de 30 % dans la nuit suivant cette annonce, et, sur l'année, il double. Pour ne rien arranger, la Chine se met de la partie : début 2011, c'est à son tour de connaître une forte sécheresse dans sa zone de production de blé : elle fait appel au marché international, ce qui pousse encore plus vite les prix à la hausse. Mais cette hausse du prix du blé n'est pas seulement le reflet des problèmes climatiques russes ou chinois. Elle vient aussi du pétrole qui, en 2010, remonte à un niveau proche de son plus haut historique, qu'il a atteint en 2008. Rappelez-vous : de 1998 à 2008, le baril a vu son prix multiplié par plus de 5, ce qui d'ailleurs a marqué le début de la crise.

En 2009, dans le sillage de la crise, le baril a fait un grand plongeon, mais 2010 est l'année de la « remontée » vers les 100 dollars le baril. Or il se trouve que, depuis longtemps, le prix des céréales a tendance à varier comme le prix du baril. Et il ne s'agit pas d'un simple effet inflationniste, comme on pourrait le penser parce qu'il faut des hydrocarbures pour alimenter les usines d'engrais et les tracteurs. Cet effet est assurément présent, mais il n'explique pas la totalité de la variation du prix des céréales qui a pris place chaque fois que le prix du pétrole a augmenté. Mieux encore, quand le prix des céréales varie, celui des autres denrées alimentaires échangées sur les marchés mondiaux a tendance à varier de la même manière, même quand il n'y a pas de lien en termes de processus de production. Cela concerne les huiles, le sucre, mais aussi le lait et la viande. Comme l'or et certains minerais varient aussi comme le pétrole, il est vraisemblable que la raison première est à rechercher du côté des investisseurs (qui arbitrent une partie de leurs investissements sur l'ensemble des matières premières de la même manière) mais, pour l'heure, contentons-nous de noter que l'effet de covariation existe, sans nécessairement pouvoir en expliquer la cause première.

Début 2011, donc, la situation mondiale marie un « accident » climatique – la canicule en Russie et la sécheresse en Chine – et un « cahot » énergétique – le prix du baril remonte à ses plus hauts niveaux – qui, ensemble, poussent à la hausse le prix des céréales et de bien d'autres denrées alimentaires sur les marchés mondiaux. Cette situation ne fait évidemment pas l'affaire des importateurs structurels, dont la production agricole locale est chroniquement insuffisante pour nourrir la population. Au premier rang on trouve… l'Égypte, plus gros importateur de blé au monde, et la Tunisie qui, bon an mal an, doit trouver hors de ses frontières la moitié des céréales qu'elle consomme.

D'habitude, ces deux pays ont les moyens de faire face à cette situation : ils possèdent des recettes à l'exportation qui permettent d'équilibrer ces importations. Mais, début 2011, nous sommes encore dans le sillage de la crise de 2009, et les touristes, qui contribuent pour beaucoup aux recettes à l'exportation, sont moins nombreux. L'Égypte et la Tunisie n'ont pas la chance d'avoir du gaz ou du pétrole à exporter, comme l'Algérie ou la Libye, ou une agriculture permettant à peu près l'autosuffisance, comme le Maroc. Ces deux pays se retrouvent donc avec une capacité diminuée à payer leurs importations alimentaires, alors même que leur coût augmente. Cette situation va se traduire sur leur marché intérieur par une inflation alimentaire très difficile à supporter pour les revenus les plus modestes.

En Égypte, le revenu net disponible par personne et par jour n'est en effet que de quelques dollars en moyenne et, pour les 30 % qui gagnent le moins, il est autour de 1 dollar par jour. L'alimentation, qui représente quelques dizaines de pour cent du revenu pour l'Égyptien moyen (en France, c'est moins de 10 %), dépasse allègrement ce seuil pour les plus modestes.

La hausse survenue de mi-2010 à début 2011 a conduit à ce que l'augmentation de la facture alimentaire des Égyptiens représente près de 20 % de leur revenu, voire le double pour les plus bas revenus, sans aucune possibilité pour un État désargenté de subventionner cette brusque envolée des prix. Le résultat ne s'est pas fait attendre : avant de descendre dans la rue pour réclamer la démocratie, la population est surtout venue réclamer à manger, ce qui rappelle furieusement notre propre histoire (la Révolution française de 1789 a fait suite à une année de grande famine). La raison pour laquelle les médias français ont décidé que la cause majeure de ce soulèvement était avant tout l'existence d'un pouvoir illégitime reste un bon sujet d'étude !

L'équation en Tunisie n'était pas différente : le budget alimentaire et le revenu par personne y sont voisins de ce qu'ils sont pour l'Égypte, avec une dépendance aux importations céréalières qui y est encore supérieure, et des recettes qui viennent aussi pour partie du tourisme. Le résultat a été le même. Si un pouvoir usé et peu légitime avait été un facteur suffisant pour déclencher des émeutes, l'Algérie aurait dû y passer aussi, alors que sa population est restée calme. Et le Maroc, siège depuis longtemps de tensions internes, n'a pas davantage bougé. Il se trouve que, en valeur, l'Algérie a vu ses exportations d'hydrocarbures augmenter (puisque les prix du pétrole et du gaz réaugmentaient) en même temps que ses importations de produits alimentaires, et que le Maroc n'est pas un gros importateur net de produits agricoles. La population de ces deux pays a donc pu continuer à manger à sa faim et s'est tenue tranquille.

La Syrie, en revanche, a elle aussi connu un stress alimentaire croissant dans les années qui ont précédé le « printemps arabe », à cause d'une sécheresse prolongée, cohérente avec ce que donnent toutes les simulations climatiques pour le bassin méditerranéen dans un climat qui se réchauffe. Cela a entraîné une baisse de la production céréalière non compensée par des importations, une baisse du cheptel, et des troubles majeurs dans le pays. Certes, le dirigeant en place n'était pas des plus populaires, tant s'en faut, mais cela n'explique pas tout. Sinon, il y a longtemps que les Syriens auraient pris les armes contre Assad, père ou fils, puisque cela fait un moment qu'ils sont là !

Le printemps arabe serait-il alors une « preuve » du réchauffement climatique ? Une preuve, sûrement pas, mais assurément une bonne illustration du fait que les ennuis de notre addiction aux combustibles fossiles ne sont pas seulement à chercher du côté des coups de chaud et de l'interdiction d'arroser la pelouse, et qu'ils n'attendront pas 2100. Et nous ne sommes qu'en 2015…

CHAPITRE 4

Solaire et éolien : comment faire sans ?

« Renouvelable », mot magique ! Depuis que le problème climatique a commencé à monter en puissance dans les médias, toute incitation à l'action qui se respecte commence par un grand couplet sur les énergies renouvelables. Et dès qu'un journal veut illustrer le passage à l'action, impossible d'échapper à une photo d'éolienne ou de panneau solaire. Dans le même ordre d'idées, « investir dans les énergies renouvelables » est, en gras et en capitales, en tête des dix commandements de tout militant proclimat qui se respecte. Et, en France au moins, ces renouvelables sont presque toujours l'éolien et le solaire, alors que la panoplie est bien plus large. Le lecteur se demandera peut-être en quoi cela est anormal, puisque, de fait, le problème vient des énergies fossiles : il va bien falloir les remplacer un jour !

Les remplacer un jour, assurément. Mais le diable est dans les détails : décarboner l'économie, ce n'est pas passer du jour au lendemain de 80 % de fossiles à 100 % d'énergies renouvelables, surtout si elles doivent être uniquement composées d'éolien et de solaire. Décarboner l'économie, c'est tout simplement faire baisser les émissions année après année, et pour cela les moyens d'action peuvent aussi être les économies d'énergie, le nucléaire et, plus marginalement, la capture et séquestration du CO_2, ou le remplacement temporaire du charbon par du gaz dans la production électrique.

La bonne question que le militant doit se poser, du moins s'il est sincère dans son envie d'aller le plus vite possible vers un monde décarboné, est celle de l'efficacité comparée des investissements pour faire baisser les émissions en fonction du contexte de départ et du rythme de baisse visé. En effet, si nous pouvons consacrer à la lutte contre le changement climatique une somme donnée chaque année, plus nous l'investissons dans des moyens efficaces par euro dépensé, et plus nous avons de chances d'atteindre notre objectif.

Pour savoir si plus de renouvelables est la première priorité, il faut donc savoir si, pour 1 euro investi, nous baisserons les émissions plus vite en isolant les logements, en les dotant d'une pompe à chaleur, en imposant une baisse de la consommation des voitures, en taxant le transport aérien, ou en subventionnant l'éolien ou le solaire photovoltaïque. Et, quand on fait le calcul, il s'avère qu'avec la situation de départ qui est la nôtre les éoliennes et les panneaux solaires n'arrivent pas, loin s'en faut, en tête des actions les plus efficaces en termes de CO_2 évité par euro investi.

Ce n'est donc pas un hasard si, en 2014, le solaire n'a représenté que 0,15 % de la production énergétique finale mondiale (c'est-à-dire après déduction des pertes du système énergétique), et l'éolien 0,6 %. La focalisation médiatique sur ces deux sources d'énergie est l'arbre qui cache la forêt : entre 2000 et 2014, la consommation annuelle de charbon dans le monde a augmenté de 1,5 milliard de tonnes équivalent pétrole, quand le solaire augmentait... de 0,04 milliard, soit 35 fois moins ! Et l'éolien a augmenté 10 fois moins que le charbon sur la même période. Mais, se dira le militant, les pays qui ont le plus investi dans ces « nouvelles renouvelables » émettent tout de même moins de CO_2 que les autres !

Hélas, les chiffres nous chantent une chanson un peu différente : les émissions de CO_2 par personne dans les divers pays du monde sont, en première approximation, parfaitement indépendantes du pourcentage de « nouvelles renouvelables » dans le mix énergétique, et donc indépendantes de l'argent qui y a été investi. L'Allemagne en fournit un bel exemple : malgré les sommes coquettes investies dans ces « nouvelles renouvelables », les émissions par personne n'ont pas varié sur les cinq dernières années. Pourquoi, alors, tant insister sur les sommes mises dans l'éolien et le solaire, si elles n'ont que peu d'effet ? C'est assurément la bonne question, mais elle concerne le journal qui choisit de quoi il parlera ou pas, non le physicien ou l'ingénieur !

Pour comprendre cette énigme apparente d'une absence de lien entre investissements dans l'éolien et le photovoltaïque et les émissions par personne, il faut commencer par un petit voyage dans le passé. Nous savons tous que la première énergie domestiquée par notre espèce a été le feu – énergie parfaitement renouvelable – pour éloigner les prédateurs ou chasser les proies, puis, bien plus tard, pour alimenter des machines. La deuxième énergie maîtrisée par notre espèce, au Néolithique (il y a quelques milliers d'années), a été la traction animale, tout à fait renouvelable elle aussi, suivie par le vent et l'eau (moulins, voiliers). Ce n'est que bien plus tard, au début du XIXe siècle, que les énergies fossiles ont commencé à faire leur apparition de manière significative. Or s'il s'avère que les énergies renouvelables sont parfaites, pourquoi diable les avons-nous abandonnées pour les énergies fossiles ? La réponse ne fera pas appel à l'incurie des politiques ou à la mauvaise volonté des industriels, mais à la physique et à l'économie.

Commençons par la première. Il existe en physique une loi majeure, la loi de conservation de l'énergie. Elle dit que, dans un système isolé (qui ne communique pas avec l'extérieur), l'énergie ne peut ni être créée ni être détruite : elle doit impérativement se conserver. En vertu de quoi tout organisme et toute machine doit aller chercher « à l'extérieur » l'énergie (oxygène, nourriture) qui lui permet de fonctionner. Ce qui est vrai pour un homme ou une machine le reste évidemment pour l'assemblage d'hommes et de machines que constituent l'humanité et son système productif.

En matière d'énergie, les hommes ne peuvent donc rien faire d'autre que d'extraire de l'environnement une énergie qui y préexiste, pour l'employer à leur profit. L'énergie telle qu'elle se présente dans l'environnement s'appelle du reste énergie « primaire » dans le jargon du secteur : charbon brut, pétrole brut, chutes d'eau, vent, rayonnement solaire, noyaux fissiles, bois, courants marins... L'électricité n'est pas une énergie primaire, car non disponible dans la nature, sauf à brancher les cafetières sur les éclairs d'orage. L'hydrogène non plus, car il n'est pas plus disponible sous forme prête à l'emploi dans la nature, et doit être obtenu à partir d'un composé qui en contient, de l'eau par exemple... en utilisant de l'énergie.

Mais, sous sa forme primaire, l'énergie est inutilisable par nos machines, qui veulent des carburants raffinés, du gaz purifié, de l'électricité, de la vapeur, du charbon purifié, des granulés de bois ou encore de l'air comprimé. L'énergie sous ces formes est appelée « énergie finale » (et parfois « vecteurs énergétiques »), et pour l'obtenir à partir de l'énergie primaire il faut ce que l'on appelle un système énergétique, composé de puits de pétrole et de gaz, oléoducs, raffineries, tankers, mines de charbon, centrales et réseaux électriques, et autres bricoles qui permettent d'extraire et transformer l'énergie primaire.

Dans ce processus, les pertes sont inévitables. Et la même loi de conservation fait que ce qui sort du système (pertes + énergie finale) est rigoureusement égal à ce qui y entre. De ce fait, l'énergie finale est *toujours* inférieure à l'énergie primaire. Ainsi, le contenu énergétique de l'électricité (ou de l'hydrogène) produite à partir d'une source primaire – charbon, gaz, ou autre – est toujours inférieur au contenu énergétique de l'énergie qui entre dans la centrale.

Incorporons maintenant les ingrédients qui précèdent dans un peu de cuisine économique, en commençant par un point essentiel : toutes les énergies primaires sont gratuites. *Toutes*. Ce que nous payons pour l'énergie, ce n'est *jamais* le prix de son existence, ce dernier étant nul par convention dans notre système économique, comme celui de toute ressource naturelle. De fait, personne n'a jamais payé le moindre centime pour que se forment les mines de charbon ou d'uranium, les gisements de pétrole ou de gaz, les montagnes et leurs chutes d'eau, ou le rayonnement solaire. Pour reprendre une affirmation classique des écologistes politiques, il est exact que le vent et le soleil sont gratuits, au sens où personne ne doit payer pour qu'ils existent, mais cette affirmation est également vraie pour toute autre énergie ! Ce que nous payons, quand nous achetons de l'énergie, ce sont seulement les revenus humains qui ont permis son extraction de l'environnement et sa mise à disposition, à quoi il faut parfois ajouter le consentement d'un propriétaire à s'en défaire quand la ressource énergétique se trouve avoir été placée, par le hasard, dans le patrimoine d'un individu, d'une entreprise ou d'un État.

Et cela vaut pour le pétrole comme pour le vent : pour le pétrole, il faudra effectivement payer des royalties au propriétaire du sous-sol, qui a eu la bonne fortune d'apprendre un jour qu'il était assis sur quelque chose d'intéressant pour les autres, mais pour le vent ou le soleil, il faudra aussi payer à un propriétaire le droit de s'installer sur ses terres pour y mettre une éolienne ou un panneau solaire. Les agriculteurs allemands le savent bien, dont certains perçoivent plus d'argent grâce aux éoliennes ou panneaux solaires qu'avec le produit de leurs cultures ! Avec la convention économique qui est la nôtre – l'argent ne paye que des hommes –, alors le prix de l'énergie ne dépend que de deux facteurs : le degré de résistance du propriétaire de la ressource primaire à s'en défaire, et la quantité de travail humain nécessaire pour extraire l'énergie de l'environnement et la transformer en énergie finale. Dès lors, moins le propriétaire éventuel est avide, et surtout moins il faut de travail humain pour extraire l'énergie de l'environnement puis la transformer sous une forme exploitable, moins elle sera chère. Et c'est là que la physique revient en force : quand l'énergie est déjà disponible sous forme concentrée dans la nature, il faut beaucoup moins de travail humain pour en extraire de grandes quantités en peu de temps, que quand elle est diffuse.

Cela explique pourquoi le pétrole, qui, parmi les combustibles, présente un maximum de densité énergétique par unité de volume (10 kilowattheures par litre), est disponible sous forme d'accumulations gigantesques gracieusement mises à notre disposition par Mère Nature (le plus grand gisement au monde contenait plus de 10 milliards de tonnes au début de son exploitation, et même un petit gisement de pétrole découvert aujourd'hui contient des millions de tonnes), ne demande « que » du travail mécanique pour son extraction (forage et pompage) et se stocke et se transporte très facilement (car il est liquide), est disponible pour le consommateur pour 0,4 centime le kilowattheure quand il vient d'un grand gisement terrestre du Moyen-Orient. Ce prix n'inclut évidemment pas les taxes qui, tant du côté producteur que du côté consommateur, représentent l'essentiel du prix payé par le consommateur final.

A *contrario*, les nouvelles énergies renouvelables exploitent une énergie certes présente partout, mais très diffuse. Un mètre cube d'air en mouvement ou un mètre carré de surface au sol ne permettent de récolter que très peu d'énergie éolienne ou solaire. Si l'on regarde la totalité de la ressource planétaire, l'énergie du vent représente, certes, 2 fois la consommation annuelle des hommes. Mais cette énergie est répartie sur toute la surface de la Terre : imaginerait-on de couvrir d'éoliennes la totalité du globe terrestre, océans compris ? Au surplus, récupérer toute l'énergie du vent rendrait l'air immobile, ce qui aurait quelques menues conséquences sur la dynamique de l'atmosphère… et empêcherait en particulier une partie du refroidissement du sol, conduisant à une élévation de la température moyenne de la planète (qui dépend du ralentissement causé au vent). Un déploiement vraiment massif de l'éolien conduirait alors à un surplus de réchauffement climatique sur les terres concernées, ce qui n'est pas vraiment le but visé !

Une étude du Massachusetts Institute of Technology publiée en juin 2009 exposait que plus de 10 % de l'énergie mondiale fournie par l'éolien en 2100 conduirait à augmenter la température au sol de 1 °C, dans les zones concernées par les installations. Dans le même esprit, la lumière du Soleil est disponible presque partout mais, comme le vent, elle arrive de manière très diffuse : en France, 1 mètre carré de panneau solaire permet de récupérer, en un an, l'équivalent de 10 litres d'essence, que la pompe nous fournit en quelques secondes… Et encore, il faut fabriquer le panneau, son support, des câblages, un dispositif de stockage si l'on veut avoir l'électricité à la demande, et tout cela mis bout à bout demande bien plus de travail par kilowattheure effectivement disponible que de simplement « faire un trou » dans le désert pour en extraire des hydrocarbures.

En pratique, 1 kilowattheure issu d'une éolienne ou d'un panneau solaire, et qui fait l'objet d'un stockage pour pouvoir être consommé quand le consommateur le souhaite et non uniquement quand il y a du soleil ou du vent, sera disponible pour 25 à 50 centimes : 50 à 100 fois plus par kilowattheure qu'avec du pétrole facile à extraire ! Il est donc tout à fait logique que, historiquement, nous soyons passés du vent au pétrole et non l'inverse : nous avons tout simplement cherché, là comme ailleurs, à extraire de l'énergie de l'environnement moyennant le moins de travail humain possible. C'est à cette condition que notre espèce a pu disposer de machines de plus en plus puissantes, et augmenter la production et la consommation par personne.

Nous avons ainsi gagné sur le coût réel par kilowattheure quand nous sommes passés de nos seuls muscles aux muscles des animaux, puis des animaux aux chutes d'eau et au vent, puis au charbon, puis au pétrole, qui représente l'optimum historique. Le chemin inverse a commencé avec le gaz. Ce dernier est moins dense énergétiquement que le pétrole (un litre de gaz, à température et pression ambiante, contient 0,01 kilowattheure, soit 1 000 fois moins d'énergie qu'un litre de pétrole), plus difficile à stocker et à transporter, et de ce fait mal adapté aux machines mobiles, qui doivent emporter avec elles leur énergie de fonctionnement (typiquement les engins de transport, raison pour laquelle le pétrole y est roi).

En passant du gaz à l'uranium, nous avons encore perdu un cran par rapport au gaz dans le travail à fournir par kilowattheure mis à disposition. Certes, la fission nucléaire fait appel à une énergie terriblement concentrée : on libère autant de chaleur en fissionnant un gramme d'uranium 235 qu'en brûlant une tonne de pétrole. Mais, justement, récupérer dans de bonnes conditions cette énergie très concentrée demande de construire de grosses machines, ce qui se traduit par un prix au kilowattheure plus élevé qu'avec du charbon ou du gaz, du moins tant que le CO_2 ne compte pour rien ou que les stocks de combustibles fossiles ne posent pas de problèmes.

Passer du nucléaire aux renouvelables « sexy » (vent et soleil) fait encore franchir un pas dans la quantité de travail nécessaire pour récupérer 1 kilowattheure. Comme évoqué ci-dessus, la source est diffuse, intermittente, et l'énergie mise à disposition est de l'électricité, qui coûte très cher à stocker si elle est disponible à un moment où il n'y a pas besoin d'en consommer. Comme le travail c'est de l'argent (et inversement), cela se traduira dans un coût au kilowattheure plus élevé si nous comparons des choses comparables, c'est-à-dire un kilowattheure disponible à la demande (et non juste quand le vent souffle ou quand le soleil brille : personne n'imagine attendre le train le temps que le vent se lève, ou regarder la télévision uniquement quand il fait jour !). Seules les renouvelables possédant une fonction de stock – le bois et les barrages, grâce à la photosynthèse et aux fonds de vallée – tirent leur épingle du jeu.

Pour illustrer ce saut dans les sommes mises en jeu pour passer des énergies actuelles aux « nouvelles renouvelables », faisons un petit calcul d'ordre de grandeur. Imaginons que nous voulions remplacer la totalité du parc nucléaire actuel en France. La première option est de refaire du nucléaire. Il y a actuellement 60 gigawatts[1] environ de puissance installée dans le pays. Le coût de construction

1. 1 gigawatt = 1 milliard de watts = 1 million de kilowatts.

du nucléaire, si nous évitons de faire partout des erreurs de débutant sur la construction d'un réacteur d'un même modèle, est de l'ordre de 4 000 euros par kilowatt installé, ce qui met l'EPR de série à environ 7 milliards (10 à Flamanville, mais normalement il est des erreurs que l'on ne fait pas deux fois !). Reconstruire le parc français à l'identique avec des EPR coûte donc en gros 240 milliards d'euros.

Imaginons maintenant que nous voulions remplacer le nucléaire par des éoliennes. La première chose à avoir en tête est que, pour une même quantité d'électricité produite sur la même durée, il va falloir installer bien plus de puissance qu'avec du nucléaire. Sur une année, un réacteur nucléaire français fournit autant d'électricité que s'il produisait à pleine puissance 75 % du temps. Pour une éolienne située en Europe, c'est beaucoup moins : à la fin de l'année, l'éolienne fournit autant d'électricité que si elle produit à pleine puissance 15 à 25 % du temps, selon les années et le pays[1].

Pour une même production annuelle, il faut donc installer 3 à 4 fois plus de puissance en éolien qu'en nucléaire : nous voici donc avec 200 à 240 gigawatts d'éolien à installer, soit 20 à 25 fois le parc installé en France à fin 2014 (et 5 à 6 fois le parc allemand). Mais les deux moyens ne fournissent pas non plus de la même manière : le nucléaire est largement pilotable (on peut arrêter ou démarrer un réacteur, baisser ou monter sa puissance, etc.), alors que le vent n'a pas été programmé pour souffler uniquement quand il y a de la demande électrique. Avec un parc installé dont la puissance est aussi importante que celle évoquée ci-dessus, une partie de la production éolienne arrivera quand il n'y aura pas de consommateurs, alors qu'une partie de la demande aura lieu quand il n'y aura pas de vent. Il va donc falloir stocker une fraction de la production excédentaire quand il n'y a pas de demande, pour la rendre disponible quand la demande est là. Comme nous avons supposé un

1. En Allemagne, par exemple, cela a varié entre 15 et 20 % sur les quinze dernières années.

système 100 % éolien, il n'y a donc pas de centrale à charbon ou à gaz pour pallier l'absence de vent.

Comment stocker ? Le mode le plus efficace (et donc le moins cher) est, historiquement, le barrage réversible, ou station de pompage. Il s'agit d'un barrage « normal », comme celui de Serre-Ponçon, auquel a été adjointe une retenue d'eau à l'aval de la turbine (qui produit l'électricité). Une fois passée dans cette dernière, l'eau ne repart pas dans le lit de la rivière, mais reste disponible dans la retenue située sous le barrage. Quand il y a un surplus d'électricité sur le réseau, on peut faire fonctionner une pompe qui remonte l'eau de cette retenue dans le lac de barrage, où elle pourra à nouveau servir à fournir de l'électricité. Le rendement d'une telle installation est d'environ 75 % : quand on utilise 100 kilowattheures d'électricité disponible sur le réseau pour actionner la pompe, on peut remonter de l'eau en altitude qui fournira, une fois repassée par la turbine, 75 kilowattheures.

Combien stocker ? Si nous avons 200 à 240 gigawatts d'éolien, dont les statistiques montrent qu'il peut monter à 70 % de sa pleine puissance au maximum (car le vent n'est pas maximal partout au même moment), alors la puissance maximale qui sera injectée sur le réseau sera de 150 à 170 gigawatts. Comme la puissance appelée minimale en France est de 30 gigawatts en été (50 l'hiver), cela signifie qu'il faut disposer de 120 gigawatts de capacité de stockage. Actuellement, la capacité installée en France est de... 5 gigawatts.

Construisons, alors ! Il faudrait juste ajouter une centaine de barrages de 1 gigawatt. Pour donner un ordre de grandeur, le barrage de Serre-Ponçon, c'est 0,4 gigawatt... Il n'en faudrait donc que 300. Quand on voit le pataquès déclenché par la construction d'une petite retenue agricole (Sivens), on imagine la partie de plaisir pour multiplier par 30 le parc de barrages réversibles disponibles en France ! En supposant que ce stockage se fasse dans des lacs de 50 mètres de profondeur, permettant de remonter l'eau en altitude de 200 mètres, ce stockage couvrirait... plus de 5 000 km^2, soit près de 200 fois la superficie du lac de Serre-Ponçon.

Installer ces capacités de stockage, à raison de 5 000 à 6 000 euros par kilowatt installé (tout compris : construction de la retenue amont, de la retenue aval, des turbines et des pompes), reviendra à quelque chose comme 1 000 milliards d'euros. Avec des batteries, de Tesla ou pas, ou la production d'hydrogène pour servir ensuite dans une pile à combustible, ou la méthanation, ou tout autre procédé technologique sophistiqué, la facture est encore supérieure. Soit les pertes sont très élevées (60 % pour l'hydrogène ; 80 % pour la méthanation), soit la durée de vie du dispositif n'excède pas quelques années (une station de pompage dure un siècle), soit ils demandent une industrie amont complexe et énergivore, soit tout cela à la fois.

Mais nous n'en avons pas fini avec notre affaire : tout ce qui est stocké entraînant une perte de 25 % dans la station de pompage, et de 5 % supplémentaires pour les allers-retours sur le réseau électrique, cela signifie que 30 % de l'électricité qui sera stockée est perdue et ne se retrouve pas en sortie. Pour disposer de la même électricité chez le consommateur à la fin de l'année, il faut alors augmenter de 35 % la production électrique – et donc la puissance éolienne installée – pour la partie qui sera stockée. Et voici 40 gigawatts de plus à construire, et une puissance éolienne installée qui frise les 300 gigawatts. À raison de 1 500 euros du kilowatt installé, l'addition monte à 450 milliards d'euros. Mais les éoliennes sont données pour vingt ans de durée de vie, alors que pour le nucléaire neuf, c'est 60, voire 80 (incidemment mentionnons que tous les réacteurs nucléaires américains existants, soit plus d'une centaine, ont *tous* été autorisés pour fonctionner soixante ans au moins). Du coup, la facture sera à régler 3 fois plus souvent avec de l'éolien qu'avec du nucléaire : au lieu de payer 240 milliards pour soixante ans, sur la même période il faudra payer 3 fois 450, soit 1 350 milliards.

Le réseau électrique doit aussi être adapté à cette nouvelle donne : au lieu de raccorder 20 sites de production avec le nucléaire, il faut en raccorder des milliers avec l'éolien. À raison de 10 machines de

5 mégawatts par parc en moyenne, il faut compter 6 000 raccordements, soit 300 fois plus. Or, pour raccorder un parc éolien, la tranchée n'est pas 300 fois plus petite qu'avec une centrale nucléaire, le câble pas 300 fois moins cher à fabriquer, et le temps de travail pour poser tout cela n'est pas 300 fois inférieur. Et il n'y a pas que le raccordement : comme la puissance maximale injectée sur le réseau, dans notre système 100 % éolien, est multipliée par 2 à 3, tout le réseau doit être renforcé. Il faudra faire transiter l'essentiel de la puissance à travers le pays pour alimenter les barrages réversibles situés dans les Alpes, les Pyrénées et le Massif central, et donc augmenter la taille des câbles, la puissance des postes de transformation, etc. : les données disponibles sur le cas allemand montrent que pour 1 euro investi dans le dispositif de production, il faut en ajouter 1 dans l'« environnement électrique », dont le réseau fait partie. Et voici à nouveau 500 milliards à mettre sur la table. Notons, incidemment, qu'une grande partie de cet argent n'est pas payée par le « porteur de projet » (le propriétaire de l'éolienne). C'est le gestionnaire de réseau qui s'en charge, et qui refacturera le coût correspondant sur le « tarif d'acheminement ».

À l'arrivée, notre système 100 % éolien nous coûtera au bas mot – sur la même durée que le nucléaire – 1 300 milliards en éoliennes, 1 000 milliards en stations de pompage et 500 milliards en réseau, soit des investissements 10 fois supérieurs à ceux du nucléaire. Si nous refaisons le calcul ci-dessus pour un système 100 % solaire, nous arriverons à un besoin d'investissements encore 2 à 3 fois supérieur : le facteur de charge du solaire est deux fois plus faible que celui de l'éolien (et donc la puissance à installer est multipliée par 2), le nombre de raccordements encore plus important (car la puissance unitaire est plus faible), la durée de vie d'un panneau « commercial » n'est pas tellement supérieure à celle d'une éolienne, et enfin la fraction à stocker sera encore supérieure, puisque 80 % de la production solaire a lieu sur 20 % seulement du temps dans l'année, pour l'essentiel l'été, alors que le gros de la consommation a lieu en hiver dans tous les pays européens.

Le petit calcul qui précède montre que décentraliser la production électrique ne signifie pas du tout que la collectivité paiera moins cher son électricité, mais au contraire considérablement plus cher... ou en aura considérablement moins si les investissements restent les mêmes. Si nous prenons ce résultat dans l'autre sens, et imaginons que les investissements que nous pouvons consacrer à la « décarbonation de l'électricité » sont d'un montant donné chaque année, alors en recourant au nucléaire nous parviendrons à supprimer le CO_2 dans la production électrique 10 à 30 fois plus vite qu'en recourant à un mélange éolien + photovoltaïque. Si vraiment éviter un changement climatique majeur est un enjeu, comme c'est une course contre la montre, est-il vraiment pertinent de prendre la voie qui demanderait 10 à 30 fois plus de temps pour parvenir au même résultat, au risque de ne jamais y arriver ?

Pourquoi, alors, tous les pays semblent-ils avoir choisi cette voie, à quelques exceptions notables près ? L'explication réside dans les forces à l'œuvre : historiquement, les plus ardents promoteurs des renouvelables n'ont pas été les militants du climat, mais les antinucléaires, qui sont présents dans de très nombreuses démocraties, même non dotées de nucléaire. Et les antinucléaires, du moins en France, ne sont que très marginalement intéressés par le changement climatique, et quand ils le sont c'est souvent pour affirmer... que le nucléaire est mauvais pour le climat ! (ce qui est faux).

Si l'on est antinucléaire, il est logique d'avoir pour cheval de bataille la promotion des renouvelables électriques – avec des éoliennes, des panneaux solaires, ou du biogaz – alors que les renouvelables que privilégiera le militant du climat seraient plutôt celles substituant des combustibles fossiles (bois, biogaz pour remplacer pétrole et gaz, ou dans certaines conditions les agrocarburants). Et il se trouve que les antinucléaires sont, pour l'heure, au moins aussi puissants médiatiquement que les militants du climat dans les deux principaux pays d'Europe continentale. L'opposition au nucléaire reste le principal trait d'union entre les Verts, qui en ont bien besoin puisqu'ils ne sont pas souvent d'accord entre eux sur le reste ! Du coup, la décision publique se cale sur cette visibilité des forces en présence, mais pas sur ce que dit la science quant aux dangers comparés du nucléaire et des renouvelables, ni sur ce que dit l'économie. C'est hélas souvent le cas en démocratie…

CHAPITRE 5

L'Allemagne, notre icône

L'Allemagne, c'est le pays de tous les succès ! Son déficit public est sous contrôle, ses exportations au plus haut, son chômage au plus bas, ses machines à laver les plus robustes, sans compter que le logement y est abordable, et que les entreprises de taille intermédiaire y poussent comme des champignons. Dès lors, pourquoi devrions-nous douter de sa stratégie sur d'autres sujets ? Et poser la question, pour l'essentiel des journalistes et élus français, c'est y avoir répondu : ce foisonnement allemand d'éoliennes, de panneaux solaires et de méthaniseurs est aussi ce qui doit nous servir de modèle, alors que, aveugles que nous sommes, nous persistons dans l'erreur radioactive. Faut-il, dès lors, regarder de plus près ce qui s'y passe ? Il n'est pas exclu que oui...

En chiffres ronds, de 1995 à 2014, l'Allemagne a investi 350 milliards d'euros dans des éoliennes, panneaux solaires, méthaniseurs et modifications du réseau électrique, pour faire passer de 4 à 26 % la part de sa production électrique provenant de sources renouvelables. 350 milliards, c'est plus que le coût de la reconstruction à neuf de la totalité du parc nucléaire français, ou celui de la reconstruction – à neuf aussi – de l'ensemble du réseau ferré français, ou encore l'investissement à consentir pour remplacer plus de la moitié des voitures françaises par des véhicules consommant 2 litres aux 100. Si nous parlons bâtiment, ce même montant permettrait de financer la rénovation thermique lourde de 6 millions de logements (soit 20 % du parc), ou la reconstruction à neuf de 1 à 2 millions d'appartements. C'est dire si le résultat devait valoir le coup pour nos voisins allemands !

Or les chiffres nous disent que cet investissement n'a pas changé d'un iota l'évolution des émissions de CO_2 de l'Allemagne, ni sa dépendance à l'énergie fossile importée. Elle n'a pas davantage contribué positivement à l'emploi global et, pour finir, l'afflux massif d'électricité non pilotable combiné à la libéralisation du marché européen de l'électricité a créé un vaste bazar dans le monde de l'électricité, rendant plus compliquée que jamais la planification à long terme du système.

Comment expliquer le décalage avec ce que la presse française a volontiers mis en avant en ce qui concerne cette *Energiewende* (« transition énergétique ») ? Comme souvent, une fausse conclusion peut être obtenue en partant de données exactes, mais partielles. La première chose qui est assurément une réalité outre-Rhin, c'est que la production d'électricité renouvelable a fortement augmenté depuis le début de la transition allemande, qui ne date pas de Fukushima, mais a démarré dans les années 1990. De 20 milliards de kilowattheures électriques renouvelables produits en 1996 (soit 4 % de la production allemande), essentiellement à partir de barrages, l'Allemagne est passée à un peu plus de 150 en 2014, dont environ 24 d'hydroélectricité, 55 d'éolien, 35 de solaire, et 35 à partir de méthaniseurs[1].

Pour arriver à ce résultat, les Allemands ont installé, à fin 2014, une puissance de 38 gigawatts en solaire, 40 en éolien, de l'ordre de 9 en biogaz, et un peu plus de 4 en hydraulique, l'ensemble représentant donc plus de 90 gigawatts. Rappelons que la capacité nucléaire française est de l'ordre de 65 gigawatts. Mais les 65 gigawatts de nucléaire gaulois produisent un peu plus de 400 térawattheures[2]

1. Source : Association européenne des réseaux de transport d'électricité, ENTSOE, www.entsoe.org.
2. 1 térawattheure = 1 milliard de kilowattheures.

d'électricité dans l'année, quand les 90 gigawatts de renouvelables teutons ne produisent « que » 150 térawattheures d'électricité sur la même durée. Par gigawatt installé, le nucléaire produit donc environ 4 fois plus que les renouvelables installées chez nos voisins, confirmant par l'expérience le petit calcul sur les facteurs de charge fourni au chapitre précédent.

Le facteur de charge illustre la production possible sur l'année d'un dispositif donné. Si la production dure toute l'année et à pleine puissance, il est de 100 %. S'il est de 10 %, cela signifie qu'à la fin de l'année, la production effective est la même que si l'installation avait fonctionné au maximum pendant 10 % du temps et pas du tout le reste du temps, ou encore la même que si l'installation a fonctionné en permanence à 10 % de sa puissance maximale. En matière d'électricité, le meilleur des facteurs de charge s'obtient pour les barrages au fil de l'eau (la turbine fonctionne en permanence avec une partie du débit du fleuve), qui peuvent approcher les 100 % (il faut quand même arrêter de temps en temps pour la maintenance, et par ailleurs s'il y a vraiment trop peu d'eau dans le fleuve, il peut y avoir des arrêts temporaires de la dérivation qui alimente la turbine).

Aux États-Unis, les réacteurs nucléaires ont un facteur de charge de 90 % environ, car ils tournent toute l'année, les seuls arrêts étant ceux pour maintenance. En France, ces mêmes réacteurs sont plus proches de 70 à 75 %, car une partie de leur puissance ne sert que l'hiver, quand la consommation d'électricité augmente (et cette augmentation n'est pas seulement le fait du chauffage électrique, qui ne compte que pour la moitié environ du surplus hivernal). Quand on passe aux renouvelables installées en Allemagne, ce facteur de charge baisse énormément : pour l'éolien, il varie entre 15 et 20 %, selon les années. Pour le solaire, ce facteur dépend beaucoup de la latitude : il double quasiment du nord au sud de l'Europe (il est légèrement inférieur à 10 % en Allemagne). Enfin pour le biogaz, qui produit tant que les méthaniseurs sont alimentés, le facteur de charge est plus proche de 60 %. Mais, comme le solaire et l'éolien dominent largement dans les capacités nouvelles en Allemagne, la moyenne pour l'ensemble du parc renouvelable est descendue de 40 à 20 % entre 1996 et 2014.

Quoi qu'il en soit, même avec un mauvais facteur de charge, la production renouvelable a fortement augmenté chez nos voisins. On devrait donc s'attendre à ce que la production faite avec le reste ait baissé, et en particulier la production à base de combustibles fossiles (gaz et charbon), puisque, dans le plan européen, le développement des renouvelables est vu comme un moyen de faire baisser les émissions de CO_2. Pas de chance : la production électrique faite avec des combustibles fossiles (charbon surtout, gaz un peu) est restée à peu près constante depuis vingt ans, et de ce fait les émissions de CO_2 issues de la production électrique aussi. Comment cela ? La montée des renouvelables n'a pas entraîné une baisse de la production fossile ?

Une première explication de ce paradoxe est qu'une bonne partie de la hausse des renouvelables est venue en plus de la production préexistante, et n'a donc rien substitué du tout. Entre 1995 et 2014, la production électrique allemande a ainsi augmenté d'environ 60 térawattheures, et cette hausse vient en totalité de l'accroissement du parc renouvelable. Mais tous les pays n'ont-ils pas augmenté leur production dans le même laps de temps ? Une comparaison avec la France sera ici intéressante, puisque les antinucléaires rappellent volontiers que le recours à l'atome pousse à la hausse de la consommation, et donc de la production.

Entre 1995 et 2014, la production électrique a augmenté de 14 % en Allemagne, et de 12 % en France. Et si nous ramenons la hausse à la population, c'est-à-dire si nous regardons comment a évolué la production électrique par personne – ce qui, aux exportations près, reflète la variation de la consommation électrique par personne –, la hausse a été de 1 % en France, contre… 15 % en Allemagne (dont la population est en décrue). Qui a dit que le nucléaire poussait au crime ? Ces chiffres invalident un autre argument souvent mis en avant par les partisans de l'éolien et du solaire, qui est que quand l'électricité devient « décentralisée », alors chacun peut voir près de chez lui – voire posséder – les éoliennes et panneaux solaires qui servent à la produire. Du coup les consommateurs mesurent combien l'électricité est précieuse et difficile à obtenir, et ils deviennent plus économes. Au vu de la comparaison entre France et Allemagne, cette théorie est à revoir !

La deuxième raison qui explique la constance de la production fossile allemande est que, après être venu « en plus du reste » de 1995 à 2005, depuis 2005 la production allemande renouvelable supplémentaire a servi à baisser le nucléaire – ce qui était en fait le premier but de l'affaire, en « violation » du projet européen de baisse des combustibles fossiles – et à augmenter les exportations – ce qui n'était probablement pas souhaité.

Le premier point se relie à une décision qui ne date pas de Fukushima, mais de la décision allemande de supprimer le nucléaire prise en 2003, qui peut se voir dès 2006 dans les chiffres. De 1996 à 2006, la production nucléaire allemande a été de 170 térawattheures par an en moyenne, alors qu'elle n'était plus que de 97 en 2014. Mais, entre 2006 et 2010 (juste avant Fukushima), cette production a baissé d'un peu moins de 10 térawattheures par an. Et entre 2010 et 2014, elle a baissé… d'un peu plus de 10 térawattheures par an. Fukushima n'a donc fait que provoquer le « retour aux sources » du plan Schröder, lequel, au début des années 2000, prévoyait l'abandon progressif du nucléaire. Angela Merkel, qui a tenté de revenir sur ce plan au début de son mandat en faisant voter un allongement de la durée de fonctionnement des réacteurs, a dû y revenir sous la pression de l'opinion après Fukushima, mais le coup était parti avant.

Dans le contexte allemand, la baisse du nucléaire a donc été considérée comme prioritaire sur la baisse du charbon. L'histoire devra juger pourquoi nos voisins ont préféré diminuer le recours à une énergie qui présente des risques qui restent minimes et localisés, au profit d'une énergie qui, *via* ses émissions de CO_2, contribue à la croissance des sécheresses et des inondations, au stress alimentaire, à la montée du niveau de l'océan et ses multiples conséquences sur les infrastructures de bord de mer, à la propagation de maladies, à l'augmentation de l'intensité des phénomènes extrêmes, sans même parler de la destruction directe d'écosystèmes causée par l'ouverture et l'extension des mines de lignite, de la pollution aux particules fines causée par les centrales à charbon, et des accidents dans les mines.

Depuis 2006, le nucléaire allemand a donc baissé de 70 térawattheures. Or, sur la même période, les renouvelables électriques ont augmenté de 80 à 90 térawattheures[1]. En clair, la hausse des renouvelables a essentiellement servi à compenser la baisse du nucléaire. Évidemment, d'aucuns pourront dire que si l'Allemagne n'avait pas lancé son grand plan renouvelable, alors c'est le charbon qui aurait servi à augmenter la production. Peut-être… ou peut-être pas. La consommation électrique en Allemagne est passée par un maximum en 2006, et elle baisse doucement depuis. Nos amis allemands n'avaient donc pas besoin de production supplémentaire après 2006. Et, avec une production renouvelable en hausse, et même en hausse plus rapide que la baisse du nucléaire, une consommation qui baisse, et une production fossile restée à peu près constante, il n'y a qu'une possibilité pour respecter l'arithmétique : ce surplus doit être exporté.

C'est exactement ce qui s'est produit. En 2000, le solde net des échanges annuels de l'Allemagne avec ses voisins était nul. En 2014, la même opération conduit à un surplus exportateur d'environ 35 térawattheures, soit 8 % de la production. Et il est assez facile de relier ces exportations au développement des énergies renouvelables. En effet, les données mensuelles concernant les échanges de l'Allemagne avec ses voisins montrent que les exportations mensuelles culminent les mois où la production éolienne est la plus élevée. Plus précisément, l'examen des chiffres fournis

1. Les organismes internationaux créditent l'Allemagne de 10 TWh de moins que le gouvernement allemand.

par l'association européenne des réseaux de transport d'électricité montre que lorsque la production éolienne allemande d'un mois donné augmente de 1 térawattheure, les exportations augmentent en moyenne de 0,8 térawattheure sur le même mois. La relation entre présence de vent et surplus exportateur se voit également très bien avec les données horaires fournies par les réseaux allemands, qui montrent sans équivoque que le solde exportateur d'une heure donnée augmente en même temps que la puissance éolienne injectée sur le réseau.

Ce processus est également à l'œuvre au Danemark, qui ne consomme pas, et tant s'en faut, la totalité de l'électricité éolienne qu'il produit. Là aussi, les statistiques horaires montrent que, dès que le parc danois fonctionne à plus de 20 % de sa puissance installée, l'électricité produite est pour l'essentiel exportée. Cela signifie qu'il est illégitime d'affirmer que « les Danois consomment 30 % d'électricité renouvelable » : l'électricité renouvelable, les Danois la produisent assurément, mais ils ne la consomment pas ! Ces deux exemples – Danemark et Allemagne – montrent de manière concrète que, sans dispositif massif de stockage (avec les pertes associées) ni sans « jeter » une large partie de l'électricité éolienne ou solaire si elle arrive au mauvais moment, il est impossible d'avoir 30 % de la production électrique annuelle assurée par des sources non pilotables dans un système totalement fermé (sans exportation possible). Au Danemark, la part d'éolien dans la consommation intérieure avoisine plus vraisemblablement les 10 % que les 30 %.

Sans grande surprise, ce lien entre le vent et les exportations se retrouve dans les prix. En effet, quand le vent souffle, l'Allemagne se retrouve en surproduction, et dispose d'un excès d'électricité à coût marginal nul, puisque le coût de production a déjà été pris en charge par le contribuable allemand *via* les mécanismes de soutien. Il y a donc un afflux d'électricité éolienne quasi gratuite qui s'ajoute à la production déjà fournie par les autres sources. Résultat : l'offre devient surabondante par rapport à la demande et le prix baisse fortement. Ainsi, le prix de l'électricité sur le marché de gros dépend, pour de vrai, du sens du vent ! En 2014, le mégawattheure s'achetait pour environ 50 euros quand le vent était nul en Allemagne, et moins de 20 euros – soit en dessous du coût complet de production de n'importe quel autre moyen non amorti, voire plus bas – quand le parc éolien était utilisé aux deux tiers de sa capacité (la dispersion des éoliennes fait que le parc d'un pays ne produit jamais à pleine capacité). Mais, diront certains, quand il y a du vent en Allemagne il n'y en a pas ailleurs, et inversement, et donc comme il y a toujours du vent quelque part, on ne voit pas bien pourquoi le prix devrait être plus bas quand le vent souffle en Allemagne, et pas quand il souffle ailleurs.

Hélas, il suffit à nouveau de regarder les chiffres pour voir que cet argument n'est pas exact. Les statistiques de production horaire montrent que c'est quand il n'y a pas de vent en Allemagne que la probabilité est la plus élevée qu'il n'y en ait pas ailleurs. Inversement, c'est quand il y a du vent en Allemagne que la probabilité d'en voir ailleurs est la plus élevée. C'est la faute du régime atmosphérique européen, qui associe l'essentiel du vent en Europe au passage des dépressions venues de l'Atlantique, lesquelles font sentir presque simultanément leur effet du Danemark à la France, en passant par l'Allemagne et la Grande-Bretagne. Nous avons là ce que les statisticiens appellent une corrélation positive : la probabilité maximale de trouver du vent en Allemagne survient quand il y a déjà du vent dans les pays voisins, et non l'inverse. Le seul pays européen qui a du vent ou pas presque indépendamment de ce qui se passe ailleurs en Europe est l'Espagne, qui bénéficie aussi d'un régime méditerranéen découplé du système des dépressions atlantiques. Du coup, quand les éoliennes allemandes produisent à plein régime, la production des pays voisins est aussi significative, et tous les pays voient arriver un surplus d'électricité qui ne correspond pas nécessairement à un surplus de demande. Économiquement, les « pics éoliens » engendrent alors un prix de marché très bas. Comme ces kilowattheures ont été prépayés par le contribuable, *via* une taxe assise sur les factures d'électricité, il est possible de les offrir au client final à un prix proche de 0, ce qui tire vers le bas le prix moyen du marché.

Le prix peut même devenir négatif par moments, ce qui traduit une situation où les acheteurs d'électricité sont payés pour la consommer ! Cette absurdité apparente signifie qu'il devient alors moins coûteux pour le système électrique de payer le consommateur pour qu'il absorbe l'électricité en trop, plutôt que de devoir découpler du réseau les éoliennes, ce qui demande des opérations qui coûteraient encore plus cher. Le deuxième effet de cet afflux d'électricité éolienne est que cela force les autres moyens à baisser leur production. Logique, me direz-vous : le but du jeu en développant l'éolien est bien de diminuer l'électricité « autre », et notamment au charbon ou au gaz ! En fait, la logique n'était pas si évidente quand on revient aux décisions fondatrices. Sans même parler du cas allemand, quand l'Europe a décidé de forcer le pas sur les énergies renouvelables, elle l'a fait en se situant dans un contexte de croissance économique perpétuelle. Cette nouvelle production devait donc, au moins dans un premier temps, s'ajouter à l'existant et non pas le substituer.

Mais si les énergies renouvelables n'avaient pas pour but de remplacer une partie des énergies fossiles, comment viser la baisse des émissions à travers leur développement ? Bonne question, qui est précisément celle que l'Europe ne s'est pas posée de manière franche et explicite. À aucun moment, dans les débats qui ont précédé le fameux paquet « 3 fois 20 » (20 % de baisse du CO_2, 20 % de renouvelables dans la consommation européenne, 20 % de gain sur l'efficacité énergétique) adopté en décembre 2008, quelqu'un ne s'est donné la peine de rappeler que les renouvelables devaient bien substituer des fossiles, et pas juste venir en plus, ce qui permet tout autant de respecter ce fameux ratio de 20 % si on en rajoute suffisamment. Notons, en passant, que la même confusion a entouré le débat national sur la transition énergétique que notre pays a connu en 2013, et qui a conduit à la « loi de transition énergétique et pour la croissance verte » dont les grands objectifs de cadrage ne sont absolument pas cohérents les uns avec les autres, et qui inverse, comme les textes européens, le lien de cause à effet entre énergie et économie développé au premier chapitre.

Mais revenons à notre marché européen de l'électricité. Quand, sous l'effet de l'afflux d'électricité prépayée, le prix de marché descend très bas, les autres modes de production ne peuvent plus suivre. En effet, aucun autre moyen de production ne peut vous vendre de l'électricité à un prix nul si l'on tient compte de tous ses coûts, combustible et amortissement de la centrale inclus.

Avec un charbon à 80 dollars la tonne (prix moyen en 2014), et une centrale à charbon ayant un rendement de 45 % (ce qui est le meilleur rendement possible pour une centrale neuve ; rappelons que le rendement moyen des centrales à charbon dans le monde est le même que le rendement moyen des centrales nucléaires, soit environ 33 %), le coût du combustible s'élève à un peu plus de 20 euros le mégawattheure. S'il faut y ajouter l'amortissement de la centrale, cela double, et si l'on tient compte des frais d'opération (dont les salaires des employés de la centrale), on atteint presque 50 euros. Avec le gaz, disponible en Europe pour environ 25 euros le mégawattheure, et une centrale dont le rendement est de 55 %, le coût du combustible est de 45 euros le mégawattheure, et le coût complet monte à 60 si l'on tient compte de l'amortissement de la centrale et des frais d'opération. Voilà l'explication du « retour au charbon » constaté en Europe depuis deux ou trois ans : en coût marginal, c'est-à-dire en ne comptant que le combustible, le mégawattheure au charbon coûte deux fois moins cher que le mégawattheure au gaz.

Évidemment, dans les deux cas qui précèdent, le CO_2 est supposé ne rien coûter, ce qui est presque le cas aujourd'hui : l'essentiel des quotas est fourni aux électriciens pour quelques euros la tonne, voire pour rien pour une partie. Il faudrait que le CO_2 monte à 30 euros la tonne pour que le coût complet du gaz et celui du charbon s'équilibrent, à 70 euros le mégawattheure. Cela explique, incidemment, un apparent paradoxe qui est que, courant 2015, tous les grands pétroliers européens se sont prononcés en faveur d'une hausse du prix du CO_2 en Europe. Seraient-ils devenus fous ? Pas du tout. Il se trouve que ces opérateurs (Shell, BP, Total, Statoil, etc.) produisent du pétrole, mais aussi – et surtout désormais – du gaz, mais pas de charbon.

Or un bas prix du CO_2 favorise le charbon dans la production électrique au détriment du gaz. Par ailleurs, ces mêmes pétroliers (en fait pétrogaziers) ne gagnent quasiment pas d'argent sur le raffinage et la distribution de carburants en Europe, de sorte que si une hausse du prix du CO_2 venait aussi à comprimer un peu la demande de pétrole pour les transports, cela ne changerait pas grand-chose à leurs marges, réalisées dans la partie « exploration production », c'est-à-dire en vendant sur les marchés mondiaux du pétrole et du gaz qu'ils ont cherché puis extrait ailleurs qu'en Europe. Le fait de mettre un prix minimal au quota de CO_2 en Europe ne changerait rien au prix de marché du pétrole dans le monde, mais permettrait potentiellement de favoriser le gaz au détriment du charbon pour la production électrique sur le Vieux Continent. La position de ces compagnies devient dès lors parfaitement logique.

Aujourd'hui, c'est le phénomène inverse qui s'applique : avec une économie sans croissance (chose que l'Europe n'a jamais osé supposer dans ses plans, pas plus que nos politiques français ne peuvent l'envisager pour l'avenir), la consommation électrique diminue légèrement, l'essor des renouvelables force physiquement le reste à baisser et, dans cette baisse, c'est le gaz qui est le plus vulnérable, alors même qu'il émet moins de CO_2 que le charbon, à production électrique identique.

Si les propriétaires de centrales à gaz et parfois au charbon font de plus mauvaises affaires avec l'essor des renouvelables, faut-il s'en plaindre ? Assurément non, puisque baisser les émissions est l'objectif premier de la politique climat de l'Europe. Ce qui est dommage, c'est que l'Allemagne ait décidé de manière unilatérale d'une politique qui affaiblit autant le nucléaire – utile pour notre transition – que le charbon et le gaz, dont il faudra à terme se débarrasser.

Ce qui est également critiquable est que cette même politique ait commencé à faire du mal aux électriciens au gaz avant de faire du mal aux électriciens au charbon, alors que c'est l'inverse qui est le plus pertinent du point de vue du CO_2. Mais, à nouveau, comme le premier déterminant de la transition allemande a été de se débarrasser du nucléaire, au diable les considérations sur le CO_2 !

Tout ce qui vient d'être exposé sur l'impact économique de l'éolien est transposable au solaire : le Soleil est présent en Europe à peu près aux mêmes heures de la journée, et les prix de marché ont tendance à fortement baisser à midi en été, quand le parc solaire produit à pleine puissance alors que la demande est faible. Le solaire allemand a aussi contribué à faire baisser la différence de prix entre le jour et la nuit (puisque l'électricité en plus arrive dans la journée), ce qui a mis par terre le modèle économique de nombreuses stations de pompage suisses, qui auparavant achetaient de l'électricité pas chère la nuit pour remonter de l'eau en altitude et la turbiner dans la journée, en revendant alors plus cher l'électricité produite.

En résumé, les Allemands ont construit de grosses capacités renouvelables, qui sont prioritaires sur le réseau et produisent à coût marginal nul. Du coup, quand le vent souffle ou que le soleil brille, ils ont des surplus d'électricité à très faible prix qu'ils exportent chez leurs voisins parce que le « marché » fait que l'on achète au moins cher. Ces exportations représentent aujourd'hui un peu moins de 40 térawattheures, qui n'existaient pas en 2000, et qui viennent s'ajouter aux 70 de baisse du nucléaire survenus aussi depuis les années 2000. Il reste donc quelques dizaines de térawattheures qui se partagent entre une petite hausse de la consommation et une très légère baisse du fossile. En première approximation, nous pouvons retenir que les 350 milliards investis par les Allemands ont servi à remplacer 8 gigawatts de réacteurs nucléaires amortis qui valaient 10 à 20 fois moins, et ont « exporté du désordre » au sein de l'Europe, forçant entre autres les gestionnaires des réseaux limitrophes à procéder à leurs frais à des investissements pour absorber la croissance des flux d'exportation allemands (dont les Tchèques, pas vraiment ravis de l'affaire).

Et, dans toute cette affaire, le changement climatique et la dépendance de l'Allemagne aux combustibles fossiles importés n'ont en rien bénéficié de cette transition. Les émissions de CO_2 fossile par Allemand étaient de 11,5 tonnes par an en 1995, et de 10 tonnes en 2014. Elles ont donc baissé, mais cette baisse est d'abord due au pétrole, qui n'est pas utilisé dans la production électrique, et qui est passé de 5 à 4,2 tonnes de CO_2 par personne et par an sur la période. Les émissions dues au charbon sont passées de 4,4 à 3,8 tonnes par personne et par an, mais l'essentiel de cette baisse a eu lieu… avant l'essentiel des investissements, puisque la variation sur ce poste est nulle de 2008 à 2014. Enfin, pour le gaz, les émissions par Allemand de 2014 sont quasi identiques à celles de 1996, à environ 2 tonnes par an. En face, le pays du camembert affiche des émissions de CO_2 fossile par personne et par an qui s'élèvent à 5,3 tonnes, soit quasiment la moitié. Elles étaient de 7 tonnes par Français et par an en 1996, et c'est aussi le pétrole qui a le plus contribué à la baisse, passant de 4,5 à 3,5 tonnes de CO_2 sur la période.

Notons que, pour le pétrole, la baisse chez nous est plus importante en valeur absolue que chez les Allemands, alors même que nous partions de plus bas : en pourcentage, nous avons donc baissé bien plus fortement que nos voisins du Nord. Cette évolution se rapproche d'un fait bien connu des habitués des couloirs de la Commission européenne : quand il s'agit d'y discuter d'une limitation réglementaire de la consommation des voitures neuves, ce qui est utile à la fois pour moins importer de pétrole et moins émettre de CO_2, ce sont les Allemands qui s'y opposent le plus, laissant alors leurs habits écologiques à la maison. Le charbon, pourtant bien moins présent en France qu'en Allemagne, est aussi le deuxième poste de baisse dans l'Hexagone, passant de 1 à 0,5 tonne de CO_2 par personne et par an sur la période. Ce poste est aujourd'hui 8 fois plus élevé en Allemagne qu'en France : comme le charbon est essentiellement utilisé dans la production électrique, il se confirme à nouveau que le nucléaire est beaucoup plus efficace pour faire baisser rapidement les émissions dans ce secteur que le solaire et l'éolien.

Enfin, les émissions individuelles de CO_2 tricolore dues au gaz n'ont pas bougé, à 1,2 tonne par personne et par an, avec il est vrai une baisse significative de 2013 à 2014 à cause d'un hiver très clément (plus de la moitié du gaz utilisé en France sert au chauffage). Mais, là aussi, les émissions par personne sont deux fois plus faibles qu'en Allemagne, plusieurs facteurs y contribuant : moins d'industrie, moins de chauffage au gaz, moins de production électrique au gaz.

Ce que montrent sans équivoque ces chiffres, c'est que si le but du jeu, en multipliant éoliennes, panneaux solaires et méthaniseurs, était de baisser significativement les émissions de CO_2 par personne, c'est raté. Alors que les 300 milliards (valeur 2014) que la France a consacrés à son parc nucléaire ont contribué de manière déterminante à faire baisser les émissions de 10 tonnes de CO_2 fossile par habitant en 1979 à un peu plus de 5 aujourd'hui, en Allemagne ces mêmes 300 milliards et quelque n'ont eu à peu près aucun effet pour lutter contre le changement climatique. Ceci allant avec cela, la transition allemande n'a pas plus eu d'effet discriminant sur les importations de pétrole et de gaz. La quantité de pétrole importé par personne a certes baissé de 15 % entre 1996 et 2014 outre-Rhin, mais elle a baissé de 23 % sur la même période en France. Les importations d'or noir par personne en Allemagne restent supérieures de près de 20 % à ce qu'elles sont en France.

Pour le gaz, dont les Allemands produisent 10 % de leur consommation, les importations par personne sont néanmoins supérieures de 50 % à ce qu'elles sont pour un Français. Et quand on regarde l'évolution historique des importations françaises et allemandes en matière de pétrole et de gaz, la transition allemande est indiscernable. Tant qu'à parler de balance commerciale, d'aucuns feront cependant remarquer que les Allemands ont quand même dû profiter de leur expérience industrielle domestique pour se créer des champions nationaux exportant tous azimuts. À force d'avoir produit éoliennes, méthaniseurs et autres pour leurs besoins propres, n'ont-ils pas pris pied sur un marché très prometteur ?

En ce qui concerne l'éolien, les industriels allemands sont actuellement crédités d'une part de marché de 20 % des turbines éoliennes dans le monde. En supposant – approximation grossière – que toutes les installations en Allemagne sont faites par les industriels nationaux, et qu'ils exportent la totalité du surplus, et avec un prix de marché de la turbine aux alentours de 0,65 million de dollars par mégawatt, cela conduit à des exportations annuelles d'environ 1,3 milliard d'euros actuellement. Pour les panneaux solaires, tous les grands fabricants européens ont fait faillite face à la pression sur les prix exercée par les Chinois, et pendant le boom du solaire en Allemagne (2006-2014), la part de marché des Européens dans la production de modules photovoltaïques est descendue de 30 à 5 %. L'Allemagne a donc dû importer la quasi-totalité de ses panneaux solaires, pour un total cumulé estimé d'environ 60 milliards d'euros (de 2014) sur les dix dernières années. N'oublions pas, évidemment, l'électricité exportée quand le vent souffle ou que le soleil brille : mais avec un solde exportateur de 37 térawattheures en 2014, et en supposant que cette électricité est exportée pour l'essentiel avec des prix bas, il s'agit de moins de 1 milliard d'euros par an.

Il reste à tenir compte des exportations allemandes de méthaniseurs et moteurs de cogénération, ainsi que des machines-outils pour construire les usines de modules photovoltaïques chez les autres, mais il faudrait que cet ensemble représente 7 milliards par an – un tiers des exportations aéronautiques françaises, ou l'équivalent de nos exportations de vins et spiritueux – pour que cette transition ait été une bonne affaire pour la balance commerciale de l'Allemagne. Les données correspondantes étant très difficiles à rassembler, l'auteur de ces lignes n'a malheureusement pas d'élément permettant de dire si c'est le cas. La conclusion la plus probable est que l'ensemble est au mieux globalement neutre.

Du coup, la création nette d'emplois associée à cette transition est… au mieux nulle. Il est courant, quand les promoteurs d'une technique veulent en vanter les mérites, de souligner le nombre d'emplois créés dans la filière associée à cette technique. Mais la plupart du temps, l'essor d'une nouvelle activité se fait au détriment d'une autre. Ainsi, les hypermarchés ont sans contestation possible créé de l'emploi dans la grande distribution, mais au même moment ils en ont détruit dans le petit commerce, avec un bilan global qui n'est pas nécessairement favorable.

Au niveau d'un pays, pour savoir si le développement d'une activité crée de l'emploi ou pas, il faut raisonner avec ce que l'on appelle des « effets de transfert », c'est-à-dire en tenant compte des emplois créés dans l'activité elle-même, et de tous ceux qui ont été créés ou détruits ailleurs par effet direct ou indirect. Dans les effets indirects bien connus, il y a les arbitrages du consommateur. Si l'électricité se met à coûter plus cher, et que le consommateur a toujours le même budget, il va nécessairement dépenser un peu moins ailleurs. Ce « un peu moins ailleurs » se traduira par un chiffre d'affaires inférieur dans les activités qui auront été un peu moins utilisées, et donc, toutes choses égales par ailleurs, par moins d'emploi.

Mais comment savoir ce que les consommateurs vont consommer en moins s'ils doivent payer leur électricité plus cher ? Moins de chaussettes, ou moins de bifteck ? Moins de chemises, ou moins d'eau ? En fait, pour faire le bilan global, il n'est pas nécessaire d'avoir cette information : il suffit de savoir comment la mesure qui favorise l'activité déforme globalement le PIB. Comme ce dernier représente par définition la somme des revenus perçus dans le pays, s'il augmente suite à la mesure, cela signifie que l'« argent à gagner » augmente, et si le revenu par actif reste le même alors la mesure crée de l'emploi. Et si le PIB diminue, alors la mesure détruit de l'emploi de manière globale.

Une des manières de faire diminuer le PIB est de passer d'un bien produit localement au même importé. Dans le premier cas, l'argent du consommateur est payé à un agent économique domestique qui va fournir des revenus à des habitants du pays, alors que, dans le deuxième cas, cet argent va alimenter des salaires et des rentes à l'étranger. En matière d'électricité, si, à consommation identique, on passe d'une production qui fait peu appel aux importations à une production qui y fait davantage appel, alors la mesure détruit globalement de l'emploi. C'est aussi simple que cela !

Comme la transition allemande a eu un impact au mieux neutre sur la balance commerciale, elle a eu un impact au mieux neutre sur l'emploi. S'il devait s'avérer qu'elle a augmenté les importations, alors elle aurait conduit à une destruction nette d'emplois dans ce pays. C'est du reste un des effets certains qu'aurait en France, au moins dans un premier temps, l'abaissement du nucléaire à 50 % : une large partie des panneaux solaires et des éoliennes supposés venir en remplacement du nucléaire proviendraient d'usines chinoises, qui règnent en maîtres sur ces deux technologies, conduisant à une forte augmentation des importations.

Rappelons que nos importations d'uranium sont marginales : elles s'élèvent à 0,2 centime par kilowattheure nucléaire (2 % du prix de vente), alors que les importations de modules solaires et d'éoliennes coûtent quelques centimes par kilowattheure. Chaque kilowattheure qui passe du nucléaire à l'éolien ou au solaire contribue donc à une baisse de l'emploi global, et non à sa hausse. Le pompon, d'une certaine manière, est que cette transition n'a pas empêché, pour le moment, que la production électrique allemande, faite avec du lignite, la pire de toutes les énergies, soit aujourd'hui légèrement supérieure à ce qu'elle était au début de la transition. Le lignite est un charbon de mauvaise qualité, qui occupe la plus haute marche du podium pour à peu près tous les inconvénients environnementaux que l'on peut imaginer. C'est le plus consommateur d'espace pour son extraction : il provient de gigantesques mines à ciel ouvert et suppose par nature de détruire tout l'écosystème en place au lieu d'exploitation, pour le remplacer par un univers minéral, noir et poussiéreux.

C'est l'énergie la plus émissive en CO_2 : plus de 1 kilo de ce gaz par kilowattheure électrique (une centrale à gaz est à 400 grammes par kilowattheure électrique et le nucléaire à 10). C'est l'énergie qui produit le plus de déchets en volume : une centrale électrique au lignite de la même puissance que Fessenheim – 1,8 gigawatt électrique – produit plus de 3 millions de tonnes de cendres par an, engendrant d'énormes tas qui sont souvent à l'origine de pollution par ruissellement de l'eau de pluie. Ces cendres – 10 000 tonnes par jour – demandent l'équivalent de 200 wagons par jour pour leur évacuation ! C'est l'énergie la plus gourmande en infrastructures : la centrale prise en exemple ci-dessus demande l'acheminement de 30 000 tonnes de lignite par jour, soit l'équivalent d'un train de 30 wagons toutes les heures[1] ! Incidemment, l'une des raisons pour lesquelles le fret ferroviaire se porte bien aux États-Unis est qu'une partie significative des trains transporte… du charbon. C'est l'énergie qui contribue le plus à la pollution atmosphérique : oxydes d'azote, poussières, particules fines, dioxyde de soufre, sans oublier des métaux lourds comme le mercure ou toxiques comme l'arsenic dans les cendres : quasiment tout le cocktail des poisons y est présent.

Et c'est pour conserver cela que nos voisins ont choisi de baisser le nucléaire !

En outre, tout ce qui précède s'applique à un plan qui n'a pas fini d'être exécuté : les intentions déclarées du gouvernement allemand sont de passer *in fine* à un schéma 100 % renouvelables. Pour y arriver, il faudrait que le pays y consacre 2 000 à 3 000 milliards d'euros et remplisse les Alpes de stations de pompage, à moins que nos voisins ne préfèrent créer, sur une bande de 25 à 50 kilomètres de large qui courrait tout le long de ses 500 kilomètres de côtes, un château d'eau de mer géant de 100 mètres de haut qui servirait de retenue amont (la retenue aval étant la mer). Et si la proportion

1. Les centrales à lignite sont toujours assez proches de la mine, et l'acheminement du combustible peut se faire par trains ou convoyeurs dédiés.

actuelle entre les sources renouvelables utilisées en Allemagne est respectée, ce plan demanderait aussi la mobilisation de 8 à 10 millions d'hectares dédiés à la production de biomasse pour faire de l'électricité (au biogaz), soit en gros 20 à 25 % de la surface de l'Allemagne, ou encore la moitié de sa surface agricole actuelle.

Bref, parvenir en vingt ans à produire 500 milliards de kilowattheures d'électricité avec uniquement des renouvelables, dont une grande partie est non pilotable, dans un contexte économique qui a toutes les chances de se tendre de plus en plus, n'est pas une entreprise sur laquelle je parierais une grosse partie de mes économies. Pourquoi avoir dit que c'était possible, alors ? La raison est simple : le « consensus politique » allemand ne s'encombre pas plus de règles de trois que chez nous. Personne, dans le monde politique, ne se donne la peine de faire quelques calculs de coin de table pour voir de combien d'argent on parle, de quelles contreparties il est question pour les émissions, les autres nuisances environnementales ou sanitaires, l'occupation des sols, la balance commerciale ou l'emploi.

Chez nous, les objectifs globaux de la loi de transition énergétique sont affublés du même vice de naissance : ils ne participent d'aucune vision globale cohérente, mais résultent de l'empilement d'une série de revendications sectorielles, dont certaines sont pertinentes au regard de la décarbonation de l'économie et d'autres non, et qui sont parfois totalement incohérentes entre elles, ce qui signifie en pratique qu'il sera impossible d'atteindre simultanément les divers objectifs énoncés. Ainsi va l'attelage de la politique et de l'énergie…

CHAPITRE 6

Le charbon, c'est du passé !

En 1900, le charbon représentait 70 % de l'énergie utilisée par les hommes, bois inclus, pour alimenter leur parc émergent de machines. Le charbon a alimenté les premiers trains, les premiers navires motorisés, les premières industries (qui ont cependant souvent démarré au bois ou à la tourbe), en bref les premières machines à vapeur. On sait moins que cet essor des machines à vapeur a aussi dû quelque chose au pétrole, qui a fourni des lubrifiants à ces nouveaux engins, là où les graisses végétales ou animales n'auraient pas suffi. Sans lubrifiants efficaces, l'usure très rapide des pièces mobiles aurait interdit tout usage industriel de cette nouveauté[1].

En 2000, le charbon était descendu à 23 % de l'énergie mondiale (bois inclus toujours), avant de remonter à 27 % en 2014. S'il représente désormais un quart, plus ou moins quelque chose, de l'énergie utilisée par les hommes – ou plus exactement par les machines au service des hommes –, alors que c'était plus proche des trois quarts il y a un siècle, c'est qu'il s'agit d'une énergie sur le déclin. Logique, non ? Funeste erreur : non seulement le charbon n'a jamais été une énergie en déclin, mais il est devenu, pour notre plus grand malheur, celle dont l'essor actuel est le plus important.

1. Voir le remarquable M. Auzanneau, *Or noir*, La Découverte, 2015.

Cette illusion sur la place du charbon vient d'une erreur courante, qui consiste à confondre pourcentages et valeurs absolues. Admettons que, jeune salarié, vous gagniez 2 000 euros par mois et que cela constitue votre seule source de revenus. Vingt ans plus tard, votre salaire est passé à 3 000 euros, mais dans le même temps vous avez hérité d'un appartement qui vous rapporte 1 000 euros par mois. Une vision en pourcentage vous dira que votre salaire est passé de 100 à 75 % de vos revenus. Pour autant, considérerez-vous que votre salaire est en déclin et qu'il est devenu « moins important » dans ce que vous gagnez ? C'est exactement ce qui est arrivé au charbon dans le monde. En 1900, les hommes en ont utilisé 700 millions de tonnes dans l'année, valeur qui est passée à... 4,7 milliards de tonnes en 2000, et 8,2 milliards de tonnes en 2014. Qualifier de déclin une multiplication par plus de 10 se discute !

Pourtant, si nous regardons autour de nous, cette envolée du charbon ne se voit pas. Où sont les mines, les terrils et les trains chargés de cette roche combustible ? En France, nulle part. La dernière mine a fermé en 2004, alors que la production hexagonale atteignait encore 60 millions de tonnes à la fin des années 1950. Notre consommation a été divisée par quatre depuis 1965, passant de 60 millions de tonnes à moins de 15. La production européenne de charbon, qui atteignait presque 1,3 milliard de tonnes par an il y a trente ans, dont les deux tiers pour l'Allemagne et la Pologne, est aujourd'hui légèrement supérieure à 500 millions de tonnes.

Bref, il semble loin le temps où le charbon était une des grandes affaires de notre continent, puisque l'un des traités qui a préfiguré la création de l'Union européenne est la Communauté européenne du charbon et de l'acier – CECA –, conclu en 1951. Mais la situation européenne est loin d'être représentative de ce qui se passe dans le monde, où le charbon joue plus que jamais un rôle central dans un sous-ensemble essentiel de l'approvisionnement énergétique : l'électricité. De fait, les deux tiers du charbon extrait sur la planète servent aujourd'hui à alimenter des centrales électriques, qui sont un genre particulier de machine à vapeur comme on le verra plus loin.

Or la production électrique s'est considérablement développée depuis la dernière guerre mondiale : le monde consommait environ 600 milliards de kilowattheures électriques en 1945 – soit à peu de chose près la production actuelle de la France – et cette valeur était de 23 500 milliards de kilowattheures en 2014. Une multiplication par 40 environ ! Et c'est le charbon qui s'y taille la part du lion, quel que soit le critère retenu. À la fin de l'année 2013, la puissance totale de toutes les centrales électriques mondiales était de 6 000 gigawatts, soit en gros 60 fois ce que nous avons en France, tout compris : nucléaire, hydroélectrique, fossiles, éolien et solaire. Dans cet ensemble, 30 % du total, soit 1 800 gigawatts, ou encore 30 fois la puissance nucléaire installée en France est constitué... de centrales à charbon.

La planète compte la même puissance installée en centrales à gaz de divers types, 1 200 gigawatts de centrales hydrauliques, 400 de nucléaire, 300 d'éolien, 120 de solaire et 120 en biomasse, sans oublier 240 de centrales électriques au fioul. Et pendant que la presse unanime évoque avec emphase les investissements mondiaux dans les renouvelables « modernes » – de l'ordre de 100 milliards de dollars par an pour l'éolien et le solaire combinés – le charbon recueille chaque année les mêmes montants d'investissement – pour moitié dans les mines et pour moitié dans la construction de centrales. Début 2015, la planète accroît certes de 80 gigawatts chaque année sa puissance installée en éolien et solaire combinés, mais dans le même temps elle construit aussi 120 gigawatts supplémentaires de charbon et de gaz, qui fonctionnent 4 à 8 fois plus longtemps dans l'année que l'éolien ou le solaire. Si l'on ajoute que les investissements pour chercher et extraire du pétrole et du gaz représentaient 700 milliards de dollars en 2014 – dont 200 aux seuls États-Unis, pour moitié dans les hydrocarbures « de schiste » et pour moitié dans le reste –, on ne peut pas vraiment dire que les renouvelables soient le fer de lance des investissements mondiaux !

Cela explique pourquoi le « contenu carbone de l'énergie », c'est-à-dire la quantité de CO_2 envoyée dans l'atmosphère quand l'humanité recourt à 1 kilowattheure d'énergie primaire, ne s'est pas amélioré d'un iota depuis l'an 2000, c'est-à-dire depuis que l'accélérateur a commencé à être mis sur les nouvelles renouvelables, dont les médias français n'arrivent pas à comprendre qu'ils sont l'arbre qui cache la forêt fossile. Si nous regardons la part du charbon dans la production électrique mondiale en 2014, alors le charbon arrive à nouveau en tête, avec 40 % des électrons annuels (soit environ 9 500 milliards de kilowattheures, 17 fois la production française), loin devant le deuxième contributeur, qui est le gaz avec 25 %, et plus loin encore devant les autres modes, à savoir l'hydraulique – première renouvelable électrique de très loin – avec 16 %, le nucléaire avec 13 %, le vent représentant 3 %, le biogaz et la géothermie réunis 2,8 % ; enfin le solaire, avec 0,8 %, a encore de la marge avant de détrôner King Coal.

Et le charbon n'est pas une énergie des seuls pays « pauvres », tant s'en faut. Il représente certes 70 % de la production électrique en Inde, ou 95 % de celle d'Afrique du Sud. Mais il compte aussi pour 35 % de l'électricité américaine (c'était 50 % avant l'essor des gaz de schiste), une moitié de l'électricité allemande, 90 % de l'électricité polonaise (et au total un quart de l'électricité européenne), 70 % de l'électricité australienne, 80 % de celle du Kazakhstan ou de Taïwan, et bien sûr environ 80 % de l'électricité chinoise, ce pays représentant à lui seul un tiers de la production électrique mondiale ayant recours à ce combustible.

C'est donc le formidable essor de l'électricité dans les usages de l'énergie et la première place du charbon dans cet ensemble qui expliquent pourquoi son usage n'a fait que croître. Il a certes crû en même temps qu'apparaissaient le pétrole dans la mobilité et le gaz dans le chauffage, l'électricité et l'industrie, ce qui explique la baisse de sa part en pourcentage, mais en valeur absolue il n'a jamais décru, et il n'a même jamais décru en consommation par personne (en moyenne mondiale). Un Terrien utilisait environ

400 kilos de charbon par an en 1900 ; en 2014, c'était plutôt 1 tonne. Son usage s'est assurément restreint. Solide, le charbon ne peut alimenter une chaudière moderne – à foyer fermé et devant fournir une puissance thermique rapidement modulable – que sous forme pulvérisée, ce qui demande une installation de broyage en continu bien plus lourde qu'un système d'injection de pétrole. Il a donc été détrôné par le pétrole et le gaz dans tous les petits systèmes de combustion : moteurs des engins de transport (alors que les premiers trains, premiers bateaux, et même premières voitures fonctionnaient au charbon), chaudières industrielles et domestiques.

Mais, dans les grandes installations fixes de combustion, typiquement celles des centrales électriques dites thermiques (ou des industries lourdes comme la cimenterie), cette limite du charbon n'est en rien gênante, alors que son coût d'extraction par kilowattheure est du même ordre que pour le pétrole, et qu'il jouit d'une fiscalité généralement beaucoup plus basse. Par contre, dans tous les cas de figure, le charbon est malaisé à transporter sur de longues distances par voie terrestre, parce qu'il est solide et moins dense énergétiquement que le pétrole.

À cause de cette difficulté de transport, les centrales à charbon ont été construites soit près des mines, soit à des endroits où du transport massif est possible : en bord de mer, où l'alimentation par bateau reste économiquement intéressante, en bord de fleuve navigable par des bateaux à fort gabarit, et en bord de voie ferroviaire dédiée (rappelons que les premiers trains servaient surtout à transporter du charbon). Il serait énergétiquement et économiquement ruineux de transporter le charbon par camion, et même par train il faut un système dédié pour que cela soit à peu près intéressant. Cette difficulté à transporter le charbon sur de longues distances a eu une autre conséquence : l'essentiel du charbon est consommé dans son pays de production. 15 % seulement de la production mondiale passent une frontière entre extraction et usage, et dans cet ensemble on trouve le charbon à coke, variété à haute teneur en carbone et faible contenu en cendres qui sert en sidérurgie. Pour le charbon vapeur, qui sert dans les centrales électriques, la fraction utilisée de manière domestique est encore plus élevée.

Ceci nous ramène au début de ce chapitre : comme en France nous n'avons plus d'extraction, nous utilisons très peu de charbon, et cette évolution à la baisse s'est appliquée à l'Europe. À nouveau, à cause des difficultés de transport, la consommation d'une zone suit, en tendance, la production de la zone. L'Europe ayant été la première à taper dans ses stocks, qui par ailleurs n'ont jamais été ceux des États-Unis (premiers détenteurs de charbon au monde) ou de la Russie (deuxième détenteur, avant la Chine), notre production continentale est en déclin depuis trente ans, et la consommation avec : cette évolution doit donc très peu à notre conscience climatique, qui était nulle dans les années 1980 et 1990, et beaucoup à la géologie ! Mais c'est une erreur de penser que c'est pareil partout ailleurs.

À ce stade, une question viendra peut-être à l'esprit du lecteur : pourquoi donc faut-il faire brûler quoi que ce soit pour produire de l'électricité ? Un feu de cheminée n'a jamais allumé la moindre ampoule ! La raison vient de ce que, après un développement initial basé sur la force de l'eau (l'hydroélectricité était le mode dominant de production électrique en 1900, ce qui explique l'industrialisation des vallées alpines, alors que l'endroit n'est pas spécialement commode question transports), nous nous sommes tournés vers une version moderne des machines à vapeur : 80 % de l'électricité mondiale est désormais obtenue en faisant bouillir de l'eau. Plus précisément, le principe de ces centrales – dites thermiques – est de créer de grandes quantités de vapeur, laquelle vapeur sert à faire tourner une turbine, qui elle-même entraîne un alternateur, qui produit l'électricité. Cet alternateur est plus puissant que celui de votre voiture, mais le principe (découvert au XIXe siècle) est le même : on fait tourner un bobinage dans un champ magnétique, et du courant apparaît.

La vapeur est produite avec une source chaude, qui peut être assurée par la combustion de charbon, de gaz ou de pétrole, ou avec un réacteur nucléaire (la fission contrôlée produit essentiellement de la chaleur). Dans tous les cas, il faut aussi une source froide, qui n'est pas moins nécessaire quand on utilise du charbon que quand on utilise du nucléaire. En bord de mer, la source froide est tout simplement la mer elle-même. Il n'y a aucun risque de la voir se tarir à cause d'une sécheresse, et si l'eau se réchauffe de quelques degrés entre été et hiver, cela ne change guère le rendement. Cela explique pourquoi beaucoup de centrales électriques se trouvent sur la côte, une raison supplémentaire étant liée à l'acheminement du combustible, ce qui supprime un segment terrestre quand il faut importer par bateau du charbon ou du gaz.

À titre d'illustration, la totalité des centrales à charbon et à gaz du Japon sont situées sur les côtes du pays, à deux exceptions près. Incidemment le tsunami de mars 2011 a aussi conduit à des dommages significatifs sur une partie de ces installations. Si la centrale ne peut être installée en bord de mer (parce qu'elle doit se trouver près d'une agglomération, près d'une mine, ou pour toute autre raison), et comme il faut absolument un refroidissement à l'eau (on ne peut pas se contenter d'un refroidissement à l'air), elle sera alors en bord de rivière. Comme un fleuve peut fournir beaucoup moins d'eau de refroidissement que la mer, on a alors recours à un procédé simple pour augmenter l'efficacité dudit refroidissement : évaporer une petite partie de l'eau prélevée. Cela conduit à remettre un peu moins d'eau dans la rivière, mais l'avantage est que l'essentiel de la dissipation de chaleur parte dans la vapeur, l'eau remise dans la rivière étant à peine réchauffée.

Cette évaporation se produit dans une grande tour cintrée d'une centaine de mètres de hauteur appelée aéroréfrigérant, qui, avec son panache de vapeur d'eau, évoque aussitôt une centrale nucléaire à un Français. Mais devant la même vision, un Américain, lui, pensera d'abord « charbon ». En effet, ces tours de refroidissement sont présentes pour toute centrale thermique en bord de rivière, partout dans le monde, qu'elle utilise du charbon, du gaz, du fioul, ou du nucléaire. A *contrario*, quand une centrale est en bord de mer, qu'elle soit nucléaire ou à charbon, ces tours n'existent pas, ce qui est par exemple le cas à Flamanville ou Penly.

Et quand le débit de la rivière est un peu faible, et la température un peu élevée, la centrale peut voir sa production restreinte faute de pouvoir prélever ou évaporer autant d'eau que nécessaire, mais, à nouveau, cela vaut pour le nucléaire comme pour tout autre combustible. En 2003, la presse a fait un grand battage autour des centrales nucléaires qui étaient concernées par cette limite, mais n'a rien dit sur les centrales à charbon françaises qui avaient exactement le même problème… Et, à l'été 2015, nos amis polonais, qui n'ont pas l'ombre d'un réacteur nucléaire (à leur grand regret d'ailleurs), ont connu une canicule qui a limité le fonctionnement des centrales électriques à charbon en bord de rivière, comme en France en 2003.

Comme les machines thermiques ont un rendement maximal dicté par la physique, il y a une chose à laquelle il est impossible d'échapper avec une centrale thermique, qu'elle soit à charbon ou nucléaire : l'essentiel de la chaleur produite sert à chauffer les petits oiseaux. Le rendement moyen des centrales à charbon dans le monde est d'environ 30 %, ce qui signifie que 70 % de la chaleur produite par la combustion du charbon sont dispersés dans l'environnement par les dispositifs de refroidissement. Il se trouve que cette valeur s'applique aussi au nucléaire, qui n'est donc ni pire ni meilleur, question rendement, que le charbon. Le fioul, souvent utilisé dans des « turbines à combustion » (qui ont la caractéristique de pouvoir être démarrées en quelques minutes et servent donc à la régulation de pointe du réseau), occupe généralement la dernière place du classement, avec environ 20 % de rendement.

Le gaz, par contre, permet de dépasser 50 % parce qu'il peut alimenter deux dispositifs de production en parallèle : un cycle vapeur en chauffant de l'eau (comme le charbon), et un entraînement direct d'une autre turbine avec l'air chaud produit par la combustion, comme dans un moteur d'avion. Cela est possible parce que la combustion du gaz ne produit que de la vapeur d'eau et du gaz carbonique, sans particules, poussières, ou composés chimiques néfastes pour les machines, et que les gaz de combustion peuvent donc être envoyés directement sur les ailettes d'une turbine sans conduire rapidement à sa détérioration. Mais comme le coût d'extraction du charbon est considérablement plus faible que celui du gaz, et plus encore parce que le transport entre une mine et une centrale n'est pas très cher (alors qu'il est essentiel dans le coût du gaz), ce combustible est devenu le choix privilégié des électriciens, malgré la différence de rendement avec le gaz.

Sur les quatorze dernières années, c'est ainsi le charbon, et de loin, qui a fait l'objet de la plus forte hausse de consommation. Sa consommation mondiale de 2014 est supérieure de 1,5 milliard de tonnes équivalent pétrole à celle de 2010, devant le gaz qui a connu une hausse de 0,9 milliard. Vient ensuite le pétrole au sens large (agrégeant les condensats, les liquides de gaz, les agrocarburants et les pétroles synthétiques produits à partir de gaz ou de charbon), qui a augmenté de 0,6 milliard de tonnes équivalent pétrole sur la période. La première hausse dans les modes non carbonés revient à l'hydroélectricité, avec 0,3 milliard de tonnes équivalent pétrole (en équivalent primaire) de hausse sur ces quatorze années. Le vent revendique 0,15 milliard en plus, soit 10 fois moins que le charbon, et le solaire 0,04 milliard, soit 30 fois moins que le charbon !

Pourtant, il est clair que, si le charbon s'est imposé sur la scène électrique, il ne le doit ni à ses vertus environnementales ni à ses vertus sanitaires. Tout le long de son extraction et de son utilisation, il affiche le bilan le plus… noir. C'est une roche combustible certes, mais c'est une roche, qu'il faut donc extraire de la croûte terrestre. Selon son âge (en règle générale, plus il est vieux et plus il est profond), il s'exploite dans des mines à ciel ouvert ou des mines souterraines. Le premier cas de figure s'applique quand le charbon affleure la surface, et en vertu du lien entre âge et profondeur, il s'agit alors le plus souvent de lignite, qui est un charbon jeune, pauvre en carbone et riche en cendres (et donc avec un pouvoir calorifique plus bas). La première étape de l'exploitation consiste à décaisser la terre superficielle, qui peut atteindre des dizaines de mètres d'épaisseur. La couche de lignite elle-même se trouve en dessous, ces mines à ciel ouvert se présentant sous forme de gigantesques trous pouvant atteindre des dizaines de kilomètres carrés, et dont la profondeur peut atteindre plus de 100 mètres.

Inutile de dire que tout ce qui bouge et respire au-dessus de la future mine est détruit ou déplacé. Les forêts et leurs oiseaux, les sols cultivables et les cours d'eau sont détruits. Les hommes, eux, doivent aller voir ailleurs. Depuis le début de l'exploitation de son lignite, l'Allemagne a ainsi déplacé près de 100 000 de ses habitants (autant qu'à Fukushima et presque autant qu'à Tchernobyl) sans aucun espoir de retour puisque leurs habitations ont été détruites, et qu'au mieux la mine laissera place à un lac quand, après des décennies, elle cessera d'être en activité. Dans ce genre d'exploitation, le lignite est extrait avec une gigantesque excavatrice, dont les plus imposantes peuvent mesurer la moitié de la hauteur de la tour Eiffel, et donc chaque godet peut contenir un bulldozer. Le charbon est chargé sur des trains ou des convoyeurs qui vont livrer en continu la ou les centrales voisines.

Quand c'est à quelques centaines de mètres sous terre que l'affaire se passe, il faut creuser des galeries pour accéder aux veines de charbon. Ces galeries doivent être étayées, ce qui consiste à poser une charpente de soutènement en bois ou en acier pour empêcher la galerie de s'effondrer. Elles doivent être drainées, car elles se trouvent le plus souvent sous une nappe phréatique, et de l'eau s'infiltre alors ici et là. Et cela explique pourquoi, le charbon a pu fortement se développer… grâce au charbon ! En effet, les galeries situées sous les nappes phréatiques n'ont pu se développer avant l'existence de pompes pour drainer les galeries, pompes qui fonctionnaient… avec une partie du charbon extrait. Il faut aussi ventiler les galeries, pour renouveler l'oxygène pour les mineurs, et évacuer le méthane que le charbon contient naturellement, et que la veine relâche quand elle est mise à la pression atmosphérique.

Dès qu'une de ces opérations se passe mal, des accidents plus ou moins graves peuvent survenir. Si l'étayage lâche, la galerie s'effondre, et peut emprisonner des mineurs qui meurent alors par écrasement ou asphyxie. Si le drainage s'arrête, une galerie peut être inondée, avec un résultat pas tellement plus heureux pour les hommes qui s'y trouvent. Si l'évacuation du méthane est mal faite, notamment quand le forage de la veine conduit à relâcher en une seule fois le contenu d'une poche de ce gaz, ce dernier peut constituer un mélange détonant avec l'air de la galerie, conduisant alors à un coup de grisou. Les conséquences se chiffrent alors potentiellement en centaines de morts, soit comme cause directe de la déflagration, soit à cause de l'effondrement de galerie qui s'ensuit. Les mines ukrainiennes ou chinoises font périodiquement l'objet de ce genre d'accident, avec quelques dizaines de morts à la clé pour les accidents les plus graves.

Mais le grisou n'est pas la seule cause d'explosion. Les mines peuvent aussi faire l'objet de « coups de poussière », où la déflagration n'est pas provoquée par du méthane, mais par des poussières de charbon en suspension dans l'air qui peuvent aussi, dans certaines conditions, former un mélange détonant. Les conséquences sont à peu près les mêmes. Enfin, il ne faut pas oublier que le charbon brûle. Même si les données sont difficiles à obtenir, l'équivalent de quelques pour cent du charbon extrait par les hommes ferait l'objet chaque année de feux souterrains dans des mines, avec à la clé des morts par asphyxie, outre les dommages environnementaux qui peuvent en résulter.

Comme aurait dit Staline, toute cette affaire, combien de morts ? Dans les pays occidentaux, où de très nombreuses opérations ont été mécanisées, et où les normes sont fortes, l'extraction charbonnière est relativement peu dangereuse : on compte 0,02 mort par million de tonnes extrait dans les mines américaines ou australiennes, par exemple, soit 10 à 20 morts par an pour la production du pays. Conduire ou fumer reste donc autrement plus risqué ! Mais en Afrique du Sud, le ratio est multiplié par 10. En Chine et en Inde, qui représentent la moitié de la production mondiale, un nouveau facteur 10 s'applique, avec de l'ordre de 1 mort par million de tonnes extrait. Il est évident que dans ces pays il est difficile d'obtenir des statistiques fiables, notamment pour les accidents dans les petites mines chinoises, dont une large partie ne sont pas exploitées par l'État, et qui font seulement quelques morts par accident, mais qui sont de très loin les plus nombreux.

Sur la base de ces chiffres, on peut estimer que pour l'ensemble Chine et Inde, soit 4,5 milliards de tonnes de charbon extraites en 2014, il y a eu entre 5 000 et 10 000 morts par accident dans les mines. À cela, selon la situation dans les mines indonésiennes, ukrainiennes, russes, etc., on peut ajouter entre 100 et 3 000 morts par an. Au total, la mortalité directe dans les mines de charbon engendre un peu moins de 10 000 décès par an. Comme les deux tiers du charbon seront utilisés pour produire environ 9 000 térawattheures d'électricité dans le monde, cela signifie que chaque térawattheure électrique au charbon cause environ 1 mort par accident pour l'extraction du charbon (en moyenne mondiale). Si nous appliquions ce même ratio au nucléaire civil (2 500 térawattheures par an dans le monde), cette forme de production engendrerait 2 500 morts directs par an. Inutile de dire qu'en pareil cas nous en entendrions parler !

Une fois sortis de la mine, nos braves mineurs ne sont hélas pas tirés d'affaire. En effet, ils sont confrontés à l'inhalation chronique de tout un tas de substances qui provoquent à long terme (après vingt ans pour la principale d'entre elles) des maladies pulmonaires à l'issue fréquemment fatale. La première est la silicose, qui résulte de l'inhalation de fines particules de silice, un minéral très abondant dans la croûte terrestre, et qui se retrouve en suspension dans l'air dans les galeries de mine. Cette maladie peut être évitée par aspersion d'eau sur la couche de charbon, pour empêcher que des poussières ne diffusent dans l'air pendant le travail minier, mais cela freine un peu la production, et donc ce procédé n'est pas toujours employé dans les mines qui se soucient peu de la santé du personnel (cas fréquent en Chine).

Dans une mine de charbon, il est aussi possible d'inhaler de fines particules… de charbon, conduisant à une maladie pulmonaire voisine qui s'appelle l'anthracose, occasionnant des dégâts sanitaires à peu près identiques. Ces maladies pulmonaires – silicose et anthracose – sont toutes les deux des « cousines » de l'asbestose, maladie des poumons elle aussi potentiellement mortelle qui a été contractée par les ouvriers qui pulvérisaient de l'amiante en fibres dans l'intérieur des bâtiments. Enfin, les mineurs de charbon sont, comme tous les mineurs, exposés au radon, un gaz radioactif présent dans les endroits souterrains mal ventilés. L'inhalation répétée de ce gaz peut provoquer des cancers du poumon. Plus encore que pour les accidents de mine, il est difficile de disposer d'une évaluation fiable de la mortalité mondiale qui découle de ces maladies professionnelles, car il s'agit d'effets différés, qui surviennent pour partie à un moment où les mineurs ne sont plus en activité, ou plus en activité dans le domaine minier. Seuls des suivis de cohorte et des études épidémiologiques permettent d'y voir clair.

Par exemple, une autopsie systématique conduite sur une cohorte de mineurs décédés aux États-Unis, entre 1972 et 1996, a montré que 23 % avaient une silicose pulmonaire (mais ils pouvaient être morts d'autre chose), et plus de 50 % une silicose des ganglions lymphatiques. Mais les autopsies systématiques ne sont pas la règle partout ! En France, 34 000 morts par silicose d'anciens mineurs ont été enregistrées de 1946 à 1987, ce qui, rapporté à la production de 1926 à 1967 (pour tenir compte de l'effet différé), représente environ 60 morts par million de tonnes extrait. Comme les conditions d'exploitation des pays émergents aujourd'hui sont assez similaires à celles des pays occidentaux au début du XXe siècle, on peut supposer que l'effet de ces maladies professionnelles (essentiellement anthracose et silicose) s'y situe dans une fourchette de 50 à 100 morts par million de tonnes extrait, avec un effet différé de vingt ans environ. La production de charbon des émergents pour 2015, qui comptent 10 millions de mineurs pour 6 milliards de tonnes extraits, occasionnera ainsi entre 300 000 et 600 000 morts prématurées « plus tard ».

Si nous ramenons ces décès à la production électrique correspondante, cela signifie qu'un térawattheure électrique au charbon est à l'origine, en moyenne mondiale, de 30 morts différées de mineurs par silicose, anthracose, et autres problèmes sanitaires. À nouveau, si le nucléaire civil mondial affichait les mêmes performances, il causerait 80 000 à 150 000 morts *par an*.

Mais ce combustible n'a pas fini de causer des ennuis une fois sorti de la mine. À l'occasion de sa combustion, il dissémine dans l'environnement divers composés, soit présents dans le charbon, soit formés par la combustion. D'abord du dioxyde de soufre, qui aggrave les pathologies cardio-vasculaires et pneumologiques. Ce gaz conduit également à la formation d'acide sulfurique en se combinant avec la vapeur d'eau présente dans l'air, conduisant aux fameuses pluies acides, qui peuvent accélérer le dépérissement d'espèces végétales. Ensuite des oxydes d'azote (NO_x), même si ce n'est pas propre au charbon, puisque ce gaz apparaît dès que l'on brûle quoi que ce soit dans l'air, qui contient à la fois de l'oxygène et de l'azote. Sous l'effet du rayonnement solaire, ces oxydes d'azote, combinés à des composés organiques volatils (typiquement du méthane, des vapeurs d'essence, etc.) conduisent à la formation d'ozone, gaz irritant pour les hommes et inhibiteur de croissance des plantes.

La combustion du charbon peut aussi conduire à la dissémination dans l'environnement, soit par la fumée, soit par les cendres, de divers éléments traces : arsenic, fluor, thallium, sélénium, plomb, cadmium, mercure, et... uranium. Par exemple, lorsque l'utilisation du charbon est domestique (poêles), l'essentiel des dommages sanitaires vient du contact des habitants avec les fumées, ou de la contamination des aliments chauffés ou séchés avec la chaleur du poêle. C'est particulièrement le cas en Chine, où le charbon est souvent utilisé comme combustible dans des habitations peu ou mal ventilées, ce qui expose la population au fluor et à l'arsenic, avec à la clé des déformations osseuses ou des maladies graves de la peau.

Les cendres, qui résultent de la fraction non combustible du charbon, sont aussi potentiellement source de problèmes. Selon la nature du charbon, leur proportion en poids va de quelques pour cent (anthracite) à quelques dizaines de pour cent (lignite). Dans les centrales électriques, une partie de ces cendres reste dans la chaudière, la fumée chaude n'étant pas assez puissante pour les déplacer, et une partie quitte la chaudière avec les gaz de combustion. Malgré de multiples dispositifs d'épuration des fumées, une centrale moderne rejette ainsi à l'air libre environ 100 grammes de poussières (suies et cendres volantes) par mégawattheure, soit 100 tonnes par térawattheure, mais les centrales peu performantes ont des taux de rejet bien supérieurs, occasionnant des pollutions locales qui peuvent (en Chine surtout) devenir majeures. Car c'est dans les cendres volantes, celles qui s'échappent à l'air libre, que nous trouvons des particules de moins de 10 microns de diamètre, qui sont les plus toxiques à la fois parce qu'elles ont un fort pouvoir pénétrant dans les poumons, et parce que ce sont elles qui contiennent les plus fortes concentrations des éléments trace mentionnés ci-dessus. Une étude de cohorte effectuée par des médecins a mis en évidence que, pour l'Europe, chaque fois que le taux de particules dites PM10 augmentait de 10 microgrammes par mètre cube d'air, la mortalité dans les villes concernées augmentait de 0,2 à 0,8 %, selon les autres conditions à ce moment-là.

Les cendres solides évacuées de la chaudière peuvent elles aussi être source d'inconvénients divers. Avant d'être éventuellement utilisées comme matériau de remblai (ce qui est leur utilisation la plus fréquente), elles sont généralement entreposées près des centrales sous forme de terrils, ou dans des bassins de rétention, et peuvent donner lieu, par lixiviation (action de l'eau qui entraîne les éléments solubles), à des pollutions locales plus ou moins gênantes. Il y a même eu, aux États-Unis, un bassin de rétention qui contenait des boues formées par des cendres et de l'eau dont la digue a rompu, faisant des centaines de morts !

Et on ne parle pas de petits volumes. Si nous supposons que la teneur moyenne en cendres du charbon consommé dans le monde est de 20 %, alors pour produire 1 térawattheure électrique, on obtiendra 80 000 tonnes de cendres, l'essentiel étant évacué de la chaudière en continu sous forme pulvérulente. L'Allemagne, qui a produit 260 térawattheures d'électricité au charbon en 2014, dont plus de la moitié à partir de lignite (avec une teneur en cendres plus élevée), produit ainsi plus de 20 millions de tonnes de cendres par an (100 000 fois le poids que nos déchets nucléaires !), et envoie environ 30 000 tonnes de particules fines dans l'air, dont une partie fait le voyage jusque chez nous quand les conditions atmosphériques s'y prêtent.

Il est évidemment toujours difficile de savoir de combien on a raccourci la vie d'un « mort » par pollution atmosphérique, que ce soit le charbon ou autre chose qui est en cause. A-t-il perdu une semaine d'espérance de vie ou vingt ans ? Quoi qu'il en soit, si l'on met bout à bout tous les dommages sanitaires et les pollutions de toutes sortes engendrés par les centrales à charbon, ces dernières restent, au dire des médecins, la plus mauvaise idée qui soit pour produire de l'électricité, même en Europe. Dans une analyse publiée en 2007, prenant en compte les effets de la pollution atmosphérique et des accidents, mais limitée à l'Europe (donc avec une mortalité des mineurs de charbon au niveau des pays de l'OCDE), deux médecins ont conclu que le charbon conduisait à 20 à 30 morts prématurés par térawattheure électrique, contre 20 pour le pétrole, 5 pour la biomasse et le gaz, et moins de 1 pour le nucléaire. Cela signifie plus de 20 000 morts prématurés par an pour nos 800 térawattheures au charbon sur le Vieux Continent... Sans même parler du changement climatique, toute politique énergétique qui conduit à augmenter le charbon dans la production électrique, y compris pour baisser le nucléaire, revient à augmenter la mortalité globale, et pas du tout à la diminuer !

Mais du changement climatique, il faut en parler justement, car le charbon est là aussi à l'honneur, si l'on peut dire. Il engendre 30 % des émissions mondiales de gaz à effet de serre, tous gaz pris en compte (CO_2, méthane, protoxyde d'azote, gaz halogénés, etc.), et dépasse le pétrole, qui n'occasionne « que » 22 % des émissions. Comme la production électrique représente les deux tiers de cet ensemble, cela signifie que les seules centrales à charbon sont à l'origine d'un cinquième des émissions mondiales de gaz à effet de serre. Si l'on y ajoute la production électrique à base de gaz et de pétrole, la production électrique à base de combustibles fossiles monte même à 27 %.

Dans les autres machines que nous utilisons, rien n'est équivalent : le parc mondial de voitures engendre 5 % des émissions planétaires, le parc mondial de véhicules utilitaires également (les transports terrestres, personnes et marchandises, engendrent donc la moitié des émissions des centrales à charbon), les bateaux (essentiellement pour le transport de fret) 3 %, les avions 2 %, les chaudières de bâtiment (dans le monde) 6 %, la production mondiale de ciment 5 %, et les chaudières industrielles hors ciment 9 %. Le deuxième poste des émissions mondiales est l'agriculture, avec 20 % des émissions, qui proviennent essentiellement du méthane, émis par les ruminants, les rizières et les déchets d'élevage, et du protoxyde d'azote, un gaz émis par les engrais azotés après leur épandage dans les champs. La déforestation, qui encore aujourd'hui est surtout provoquée par l'extension des surfaces cultivées, est pour sa part responsable de 8 % du total (mais dans certains pays, comme l'Indonésie, c'est de loin le premier poste).

Dans le monde, la production électrique occupe donc la première marche du podium dans la hiérarchie des émissions qui perturbent le climat. Nous autres Français avons tendance à l'oublier, puisque 95 % de la production d'électrons tricolores est le fait de modes qui n'émettent pas ou peu de CO_2 : 75 % pour le nucléaire, 15 % pour l'hydroélectricité et 5 % pour l'éolien (n'oublions pas 1 % pour le solaire !). Très accessoirement, cela signifie qu'électrifier un usage ne le rend pas systématiquement propre, tout dépendant de la manière de produire l'électricité. À nouveau, nous sommes victimes de nos sens quand nous le croyons, tout simplement parce que l'usage d'un moteur électrique n'engendre pas de pollution sur le lieu d'utilisation, mais c'est oublier un peu vite qu'il a fallu produire l'électricité, et que cette production est aux deux tiers fossile dans le monde. Au surplus, dans le cas de la voiture, il faut aussi produire la batterie, ce qui conduit à doubler les émissions de fabrication du véhicule par rapport à une automobile à essence ou diesel de poids et performances identiques.

Sans même incriminer Chinois ou Indiens, si nous allons en Allemagne, où l'électricité est à 50 % au charbon et 10 % au gaz, utiliser une voiture électrique engendre, fabrication comprise, les mêmes émissions par kilomètre qu'une voiture à essence ! Dans ces conditions, parler de « propreté » pour un véhicule électrique est soit de l'ignorance, soit de l'imposture... En Chine, en Australie, à Taïwan, en Inde, en Pologne, en Grèce ou en Israël, passer du pétrole à l'électricité pour les voitures signifie même augmenter les émissions par kilomètre. En fait, avec la manière dont l'électricité est aujourd'hui obtenue dans le monde, et la dynamique à l'œuvre est clairement favorable au charbon, électrifier les automobiles est avant tout un moyen de passer du seul pétrole, qui est déjà contraint dans le monde, au gaz et au charbon, dont l'approvisionnement est moins soumis à des limites géologiques à court terme. Mais cela n'a rien de positif pour le climat...

Pas de problème, diront d'aucuns, il n'y a qu'à décarboner l'électricité dans le même temps ! Supprimer le charbon dans l'électricité est de toute façon un point de passage obligé si nous voulons parvenir à l'objectif d'un maximum de 2 °C de hausse en 2100. En effet, la physique nous dit qu'en pareil cas les émissions futures de l'humanité ne peuvent pas dépasser la moitié de ce que nous avons déjà émis depuis 1850, et cela signifie entre autres que les émissions mondiales doivent être divisées par trois d'ici 2050, avant de devenir nulles en 2080. Si nous traduisions cet objectif à terme en rythme de baisse annuelle, cela peut par exemple signifier de passer d'une hausse de 2 % par an à une baisse de 3 % par an dès maintenant, ou encore supprimer chaque année – à partir de maintenant – 1,1 milliard de tonnes d'équivalent CO_2.

Si nous imaginons que le charbon doit baisser à la même vitesse que le reste, cela signifie que les émissions des centrales à charbon doivent diminuer de 200 millions de tonnes équivalent CO_2 par an pendant trente-cinq ans, ce qui revient à supprimer 25 gigawatts de centrales à charbon tous les ans. Mais en pratique il faudrait probablement aller encore plus vite, car sur le plan technique il est plus facile de baisser rapidement les émissions dans l'électricité que dans les transports ou l'industrie, sans parler de l'agriculture. Il ne serait alors pas déraisonnable de supprimer plutôt 50 gigawatts de charbon tous les ans, pour parvenir à se débarrasser de l'ensemble des centrales à charbon dans le monde en un peu plus de trente ans. Un tel scénario correspond peu ou prou à laisser le parc installé « mourir tout seul », puisqu'une centrale à charbon dure environ quarante ans. Ainsi, si on ne construit pas de nouvelles installations, le parc diminuera « spontanément » de 45 gigawatts par an en moyenne, ce qui n'est pas loin du rythme nécessaire.

Il s'avère donc que l'un des objectifs des négociations climat qui se déroulent depuis vingt ans désormais devrait être la suppression de *toute* la production électrique au charbon d'ici 2050, tout simplement en retirant progressivement les centrales en fin de vie sans en construire de nouvelles. Il faut faire du charbon une énergie du passé pour de vrai ! Si nous voulons toujours de l'électricité pour alimenter ces machines qui nous rendent la vie si douce, à commencer par les voitures évoquées ci-dessus, il faut donc remplacer le charbon par autre chose. Par quoi ? Si nous choisissons du nucléaire, il faudrait donc construire 1 800 gigawatts de réacteurs, pour un total d'investissements de 5 000 à 6 000 milliards de dollars. Ça peut sembler beaucoup, mais ce n'est « que » 10 % d'une année de PIB mondial à dépenser tous les soixante ans (donc 0,15 % du PIB mondial tous les ans). Si c'est notre survie qui est en jeu, on doit pouvoir négocier.

Si nous voulons tout remplacer par des éoliennes et des panneaux solaires, cela demandera 20 à 40 fois plus de capitaux, soit deux à quatre années de PIB mondial, à renouveler pour partie tous les vingt ans, alors qu'il faudra aussi investir dans tout le reste. Si vous avez à parier la totalité de votre propre argent sur le plan qui vous semble avoir une chance de succès, vous pariez quoi ?

CHAPITRE 7

Toujours plus de CO_2

Depuis qu'il existe des négociations sur le climat, il est courant de lire que si nous ne « faisons rien », les émissions humaines de gaz à effet de serre continueront à augmenter indéfiniment, et en particulier pourraient être multipliées par quatre d'ici à 2100, provoquant un réchauffement de la planète qui pourra atteindre 5 °C à la fin du siècle. Cette affirmation, qui suppose que la seule limite à nos émissions est celle que nous nous imposerions de nous-mêmes, et que nous pourrions avoir à la fois des émissions et un changement climatique à leur maximum en 2100, est hélas trompeuse à plus d'un titre. Il s'agit, comme trop souvent, d'une erreur qui résulte de la simplification d'un dossier technique complexe.

Il existe des gens qui s'occupent à la fois d'émissions et de hausse de température planétaire : ce sont les modélisateurs du climat, dont le métier consiste à construire des outils informatiques (les « modèles ») représentant le système climatique, et à les soumettre à ce qu'ils appellent des « perturbations » pour voir comment le système se comporte en réponse. Rappelons qu'un modèle de climat ne se limite pas à l'atmosphère et à des températures : on y trouve aussi une représentation de l'océan, des terres émergées, des glaces, de la chimie atmosphérique, de la biologie, et bien sûr des échanges d'énergie entre tous ces compartiments, et ces modèles simulent le vent, les précipitations, la circulation océanique, le niveau de la mer, l'humidité des sols, l'évolution des masses glaciaires, la dynamique globale de la végétation, etc.

Dans les « perturbations » que peut subir le système climatique, celle qui intéresse le plus les scientifiques du climat est un effet de serre rapidement renforcé suite à des émissions excessives de gaz… à effet de serre. Ces gaz ont la double propriété de rester très longtemps dans l'air – des siècles ou plus – une fois émis, car ils sont le plus souvent chimiquement très stables, et de rendre l'atmosphère plus opaque aux infrarouges émis par la surface de la Terre. Quand leur concentration dans l'atmosphère augmente, cette dernière laisse alors moins bien passer le rayonnement émis par la surface de la Terre, ce qui l'empêche de se refroidir aussi bien qu'avant, et conduit à une hausse de la température moyenne de la surface. Mais la modification du climat qui résulte d'un accroissement de l'effet de serre a bien d'autres conséquences. Le régime des pluies et l'évaporation vont se modifier, provoquant sécheresse accrue des sols ici et augmentation des précipitations là. Là où il fera plus sec l'agriculture et les écosystèmes souffriront, et les risques d'incendie de forêt (s'il y a de la forêt) augmenteront.

Bon, de temps en temps, la récolte de blé sera un peu moins bonne, et après ? On décrétera l'état de catastrophe naturelle, les agriculteurs seront indemnisés, et puis le problème sera résolu. Depuis que nous sommes majoritairement devenus des urbains travaillant dans un bureau, et que nous trouvons à manger au supermarché qu'il pleuve ou qu'il vente, et depuis que les plantes cultivées sont dopées aux engrais, phytosanitaires et tracteurs, nous avons tendance à considérer que les malheurs de l'agriculture ne gênent que les agriculteurs. C'est oublier un peu vite qu'une production en baisse supprime de quoi manger, ce qui n'est pas très gênant tant que le niveau de départ est élevé, mais le devient de plus en plus au fur et à mesure que l'on se rapproche du « juste nécessaire pour vivre ». Si nous n'avons plus à manger, il devient un peu difficile d'assurer le reste de nos activités productives… et même si nous mangeons assez pour survivre, mais que la nourriture mobilise l'essentiel de nos revenus, nous n'avons alors plus assez d'argent pour payer les producteurs de voitures et de canapés, ce qui aura aussi quelques conséquences sur le reste de nos activités économiques.

Enfin même si, pour l'heure, rares sont les famines provoquées par un défaut de production de l'agriculture mondiale (en général elles sont liées à des troubles politiques ou des guerres qui empêchent l'acheminement de nourriture), l'histoire, même récente, regorge de déstabilisations politiques provoquées par un défaut de nourriture, et nous avons vu que les troubles politiques récents dans le bassin méditerranéen en font partie.

Plus généralement, la perte de rendement de l'agriculture à cause du changement climatique et de ses divers effets est déjà à l'œuvre en tendance, et ce qui découle des fameux modèles évoqués ci-dessus est que cela devrait s'accélérer à l'avenir. Là où il y aura plus de précipitations, tout risque n'est pas écarté pour autant. Certes, les inondations sont rarement des facteurs de baisse de la production agricole, du moins aux moyennes latitudes, car elles y surviennent surtout l'hiver, à un moment où il ne pousse rien. Mais elles peuvent accélérer l'érosion des sols, emporter des ouvrages prévus pour réguler l'eau, et surtout un climat plus humide et plus doux peut favoriser l'apparition de ravageurs – champignons, virus, bactéries, insectes – pour les plantes et les animaux, et ainsi provoquer des dépérissements dans les forêts ou les cultures (on le voit dès à présent dans certaines forêts du Canada, mais aussi dans les vignes françaises).

Le niveau de l'océan monte ? Cela rapprochera de l'eau toutes les infrastructures de bord de mer : ports et leurs accessoires divers (terminaux ferroviaires, entrepôts), centrales électriques, raffineries, bâtiments de toute sorte, qui vont devenir plus vulnérables à la faveur d'un phénomène extrême – vague de crue ou tempête – même si ce dernier ne gagne pas en intensité. Et, comme il est désormais établi que l'intensité moyenne des phénomènes extrêmes devrait augmenter, il y a aussi quelques surprises désagréables à redouter de ce côté-là. Les infrastructures terrestres peuvent aussi souffrir en cas de réchauffement, car dans les pays tempérés, elles ont toutes été construites pour fonctionner correctement dans des plages de température qui ne sont pas celles que l'on va trouver à l'avenir. Dilatation excessive (rails, lignes électriques), fissuration des murs (par sécheresse excessive de l'argile sous-jacente), ou encore incendies, par défaut d'évacuation de la chaleur de fonctionnement.

Tous ces effets iront croissant avec la modification du climat. Tant que l'on ne raisonne qu'avec la température, on ne voit pas pourquoi sa hausse empêcherait les émissions d'augmenter. Ce n'est pas parce que l'on transpire à Paris en cas de vague de chaleur que cela empêche d'utiliser sa voiture, ou d'augmenter la production électrique au charbon. Mais tout change si l'on accepte que, avec la hausse de la moyenne planétaire, nous aurons aussi une multiplication et une intensification de tout ce qui est évoqué plus haut : mauvaises récoltes, dommages aux infrastructures, ruptures d'approvisionnement, instabilités politiques, et ces conséquences constitueront une gêne croissante pour la machine économique… et donc pour les émissions. Ainsi, en annonçant des émissions croissantes sans limites en cas d'inaction, les partisans de l'action accréditent paradoxalement une idée très sympathique : « ne rien faire » signifierait une économie encore en croissance sur quatre-vingt-cinq ans, quoi que puisse faire le climat !

En fait, cette conclusion pourrait à la limite être valable si, dans le même temps, nous disposions d'une énergie infinie. L'énergie étant ce qui nous permet de devenir des surhommes pour de vrai, avec de l'énergie sans limites nous pouvons envisager de contrer presque n'importe quel coup du sort. La sécheresse empêche les cultures de pousser ? Qu'importe, nous dessalerons de l'eau de mer (avec du gaz), construirons un système d'irrigation (avec des engins de travaux publics fonctionnant au pétrole, et des tuyaux fabriqués avec du gaz et du charbon), mettrons toutes les cultures sous serre (fabriquées avec du gaz et éventuellement chauffées de la même manière), et éventuellement transporterons de partout où cela pousse vers partout où cela ne pousse pas (avec du pétrole).

Mais le jour où il y aura un climat hostile, et même de plus en plus hostile à cause de l'inertie de l'évolution climatique que nous avons déclenchée, et de moins en moins de gaz et de pétrole, comment ferons-nous ?

Aujourd'hui, les ouragans abattent maisons et infrastructures ? Qu'importe, les cimenteries tourneront à plein régime, les engins de travaux publics aussi, tout comme les usines métallurgiques et pétrochimiques, et nous reconstruirons tout cela, contribuant au passage à booster un PIB toujours trop pâlichon. Même question : que devient l'équation quand le pétrole des engins de travaux publics, le gaz des usines et, plus tard, le charbon des cimenteries sera moins disponible ? En 2003, la sécheresse fissure nos maisons ? À nouveau, pas de problème ! Les assurances – prélevant une part du PIB, donc indirectement de notre consommation d'énergie – payent, et les camionnettes des artisans et les mêmes cimenteries entrent en action, les premières grâce au pétrole et les deuxièmes grâce au charbon. Et l'on devine la question qui suit…

Mais pourquoi devrions-nous avoir un jour moins d'énergie si nous ne décidons pas de nous limiter ? Du pétrole, quand il n'y en a plus, il y en a encore, et c'est pareil pour le gaz et le charbon ! En fait, nous aurons un jour de moins en moins d'énergie fossile à notre disposition en tendance, cela est absolument certain, car c'est ce que les mathématiques imposent quand on tape dans un stock de départ qui est donné une fois pour toutes, ce qui est le cas pour le pétrole, pour le gaz, pour le charbon. Et à ce moment, nous émettrons fatalement de moins en moins. Ce « moins d'énergie fossile » ne signifie pas que nous allons avoir demain la « fin du pétrole », expression médiatique malheureuse – une de plus ! – qui ne correspond à rien de concret, mais il désigne la certitude qu'un jour l'offre d'hydrocarbures passera par un maximum avant de décliner de manière irréversible, la consommation étant alors bien forcée de suivre.

Le fait qu'une partie du pétrole présent sous terre n'ait pas encore été découvert ne change rien à ce fait : au moment où démarre la civilisation industrielle de l'humanité, les entrailles terrestres recèlent une quantité donnée de pétrole, de gaz et de charbon, et il ne s'en formera pas davantage d'ici à quelques siècles, car la durée de formation des combustibles fossiles se compte en dizaines ou centaines de millions d'années. Cela oblige, mathématiquement, l'extraction annuelle à passer par un maximum et à décliner en tendance ensuite. Après une période d'euphorie, qui est en train de toucher à sa fin pour le pétrole et arrivera au plus tard dans les décennies à venir pour le gaz, la consommation devra devenir perpétuellement décroissante, en tendance bien sûr. Cela s'applique au pétrole, mais aussi au gaz et au charbon. Incidemment cette conclusion s'applique aussi à tout minerai métallique, puisque nous avons le même point de départ : le stock initial a été donné une fois pour toutes. Les seuls objets de débat – mais quel débat ! – sont la date, le niveau et le mode de gestion du pic.

Le lien avec notre sujet est évident : si l'approvisionnement en combustibles fossiles doit finir par baisser parce que nous avons atteint des limites physiques, alors les émissions d'utilisation de ces combustibles baisseront aussi ! Après les perturbations qui pourraient venir du changement climatique lui-même, nous avons là une deuxième cause de baisse forcée potentielle : l'épuisement du stock. La seule question est de savoir si ce pic arrivera avant ou après le moment où il faut commencer à baisser les émissions pour respecter un objectif climatique donné, par exemple 2 °C.

La réponse courte pour 2 °C et pour le monde est non, mais la réponse longue, pour nous autres Européens, est bien plus compliquée. La réponse courte est non parce que l'augmentation de température en 2100 ne dépend, en première approximation, que de la quantité de gaz à effet de serre que nous aurons mise dans l'atmosphère entre 1850 et 2100. Plus cette quantité sera élevée au total, plus le changement climatique en 2100 sera intense. Pour respecter la limite des 2 °C, il faut que les émissions à compter de maintenant ne dépassent pas la moitié de celles qui ont pris place entre 1850 et 2014. Or les émissions reflètent notamment la consommation de combustibles fossiles.

Entre 1850 et 2014, l'humanité a utilisé 180 milliards de tonnes équivalent pétrole de charbon, 180 de pétrole et 95 de gaz, conduisant à des émissions cumulées de CO_2 fossile de 1 400 milliards de tonnes. Pour respecter les 2 °C, il ne faut donc pas émettre plus de 700 milliards de tonnes de CO_2 d'ici à 2100. Ce budget serait atteint avec la combustion supplémentaire de 170 milliards de tonnes équivalent pétrole de charbon, alors que les réserves prouvées publiées en 2014 font état de 430 milliards de tonnes équivalent pétrole extractibles dans les conditions techniques et économiques du moment.

À l'évidence, cet objectif des 2 °C n'est pas compatible avec le fait de brûler d'ici à 2100 l'essentiel du charbon accessible. Ce même budget de 700 milliards de tonnes de CO_2 peut aussi correspondre à la combustion supplémentaire de 230 milliards de tonnes de pétrole, à comparer aux 240 milliards de tonnes déclarées au titre des réserves prouvées par les producteurs de pétrole à fin 2014. Même si une partie de ces réserves prouvées n'existe peut-être pas, l'utilisation de la totalité de ce pétrole ne serait possible qu'à la condition de ne plus toucher ni au charbon ni au gaz à partir de demain matin.

Enfin, ce budget correspond aussi à la combustion de 300 milliards de tonnes équivalent pétrole de gaz, à comparer à des réserves prouvées qui sont de 170 milliards de tonnes à fin 2014. La combustion de l'ensemble des réserves prouvées de gaz, de pétrole et de charbon conduirait à 3 000 milliards de tonnes de CO_2 : quatre fois plus que la limite physique pour les 2 °C ! Il va donc falloir en laisser sous terre. Mais c'est là que le débat intéressant commence : laisser quoi ? Quel doit être le rythme de baisse ? Et surtout, toutes les régions du monde vont-elles être logées à la même enseigne ?

Ce budget de 700 milliards de tonnes de CO_2 suppose par ailleurs des émissions divisées par trois d'ici à 2050 et devenues nulles en 2080. Ainsi, la consommation de pétrole devrait baisser de 2 %

par an les premières années, tout comme celle de charbon ou de gaz. Or, si nous regardons comment évolue aujourd'hui la consommation de pétrole des pays de l'OCDE, il se trouve que depuis 2006 elle baisse de 1,5 % par an en moyenne. Mais en Europe, c'est 2,5 % de baisse tous les ans depuis cette date. Parce que nous sommes de bons environnementalistes ? Point du tout : parce que, exprimée en valeur énergétique, l'offre pétrolière mondiale n'augmente quasiment plus depuis 2006, et que sur une planète de plus en plus peuplée, la part de chacun tend à diminuer.

En Europe, notre pétrole provient à 25 % de la mer du Nord, et à 75 % du reste du monde. La production de la mer du Nord a passé son pic en 2000, a été divisée par plus de 2 depuis, et continue de baisser de 5 % par an en moyenne. Nos importations subissent quant à elles le contrecoup du plafonnement de l'offre mondiale survenu en 2006, et baissent aussi puisque de plus en plus d'importateurs doivent se partager un gâteau qui n'augmente pas. Résultat : l'Europe est désormais en contraction pétrolière subie. Pour vous consoler, vous serez heureux d'apprendre que, nonobstant le pétrole de schiste, même les États-Unis ont vu leur consommation de pétrole baisser de 1,3 % par an en moyenne depuis 2006, car 40 % de leur consommation reste importée : le miracle a donc ses limites.

Une baisse significative, c'est aussi ce qui arrive au Japon, qui a vu sa consommation de pétrole – totalement importée – baisser de plus de 2 % par an depuis 2006, et ce alors même que Fukushima a eu pour conséquence une hausse subite de la production électrique au fioul. Au fioul, pas au charbon ? Assurément : il est beaucoup plus facile, sur le plan logistique, d'accroître rapidement les importations de produits pétroliers que de tout autre combustible, et par ailleurs les centrales à charbon japonaises tournaient déjà en base – donc presque tout le temps – avant le tsunami qui a conduit à l'arrêt du nucléaire ; elles ne pouvaient donc pas tourner plus qu'avant ! C'est donc une hausse de la production des centrales à fioul et à gaz, qui n'étaient pas utilisées en continu, qui a permis de pallier la baisse du nucléaire. Mais pas de chance pour le Japon, ce sont aussi les combustibles les plus chers sur les marchés de l'énergie. Ce pays a donc vu sa balance commerciale passer quasi instantanément d'une situation d'excédent structurel à une situation de déficit.

Si certains pays consomment de moins en moins de pétrole depuis 2006 alors que la production mondiale est stable, l'arithmétique veut que d'autres en consomment de plus en plus. C'est le cas de la Chine, qui a augmenté sa consommation de pétrole de 5 % par an depuis lors. Mais si l'on regarde la consommation de pétrole par habitant en moyenne mondiale (pétrole est ici pris au sens large, avec les condensats et les liquides de gaz), elle a baissé de 3 % entre 2006 et 2014. Cette baisse s'est concentrée sur les pays de l'OCDE, où elle atteint 16 %. C'est du reste, comme on l'a vu, cette baisse involontaire qui empêche le retour de la croissance dans cette zone. Pour en revenir à notre débat sur la hiérarchie des contraintes pour le monde dans son ensemble, le déclin imminent de la production de pétrole ne sera donc pas suffisamment rapide pour être en ligne avec la baisse nécessaire des émissions de CO_2. Par contre, pour les pays de l'OCDE, et en particulier l'Europe, nous sommes déjà dans les clous, à notre corps défendant. Comme la production de pétrole mondiale devrait se mettre à décliner significativement dans les dix ans à venir, il est peu probable que l'Europe connaisse un renversement de tendance sur cette énergie qui a façonné le monde moderne.

Chez nous, cela signifie que la question est désormais moins de se limiter délibérément sur le pétrole que de gérer les conséquences sociales et économiques d'un accès au transport qui, de manière sournoise car difficile à comprendre pour l'essentiel du monde politique et économique, devient physiquement un peu plus délicate chaque année. Mais, direz-vous, s'il y a moins de pétrole, on devrait voir son prix augmenter, non ? Or en 2015 il s'est effondré, et on voit mal comment cette évolution se raccroche à un manque physique éventuel. Bonne question, assurément. Pour y répondre, il n'est pas inutile de commencer par faire un saut dans le passé : est-ce que « avant » le prix du pétrole évoluait de manière prévisible en fonction des quantités ? Sur des périodes courtes, la réponse a pu être oui, ce qui a notamment expliqué les chocs pétroliers, mais sur une période longue, la réponse est non.

À long terme, il n'y a rien qui ressemble à ce que les économistes appellent une élasticité, sorte de formule univoque qui relie la quantité disponible à un prix. Dit encore autrement, la jolie courbe que certains d'entre nous ont vue en cours d'économie et qui est censée illustrer le fait que le prix d'un produit augmente à mesure que l'offre se raréfie, ou l'inverse, et donc que prévoir la quantité c'est prévoir le prix ou inversement, n'a jamais existé pour le pétrole (ni pour de très nombreuses matières premières). Entre 1921 et 1973, la consommation annuelle de pétrole a été multipliée par plus de 20, passant de 100 à 2 700 millions de tonnes. Et pourtant, sur cette période, et exprimé en monnaie constante, le prix du baril est resté à peu près le même, dans une fourchette de 15 à 20 dollars (de 2014) le baril. Arrivent les chocs pétroliers : de 1973 à 1984, la consommation varie peu, oscillant entre 2,7 et 3 milliards de tonnes par an, pendant que le prix a évolué entre 17 et 104 dollars (de 2014) le baril ! Puis revient une période – 1985 à 2005 en gros – où la consommation mondiale augmente fortement, passant de 2,8 à 3,9 milliards de tonnes par an, pendant que le prix se promène gentiment de part et d'autre de 30 dollars le baril, sans rien qui ressemble à une élasticité classique (sur la période, le baril n'a pas été au minimum de prix pour 3,9 milliards de tonnes et au maximum pour 2,8).

Sur les dix dernières années, alors que la consommation mondiale de liquides a peu varié autour de 4 milliards de tonnes par an (elle stagne quasiment à +0,7 % par an depuis 2007), le prix s'est promené entre 40 et 120 dollars le baril. Et sur toute cette période, il y a eu des moments où la consommation a augmenté alors que le prix augmentait, des moments où elle a baissé alors que le prix baissait... bref rien qui ressemble à une « loi » permettant de faire des prévisions sur le prix futur. Et, de fait, quand on reprend les prévisions de prix du pétrole qui ont été faites sur les vingt dernières années par l'Agence internationale de l'énergie, les rares qui tombent juste semblent plus être le fait du hasard que d'un savant raisonnement économique.

En fait, la seule chose qui puisse se théoriser pour le pétrole semble être qu'une contrainte sur le volume rendra le prix de ce liquide volatil. Commençons par le commencement : si la géologie impose qu'il n'y a pas assez de pétrole pour la demande du moment, alors effectivement le prix va augmenter à court terme. Cette hausse de prix va inciter les opérateurs pétroliers à aller chercher du pétrole « compliqué », donc cher à exploiter, qui est le seul qui reste pour augmenter l'offre, et qui devient rentable si le prix est élevé. Mais comme il n'y a pas assez de pétrole (c'est justement pour cela qu'il y a un prix momentanément élevé), cela signifie que l'économie ne peut pas faire fonctionner assez de machines, en particulier pour transporter. Du coup le PIB freine, comme cela s'est produit à chaque fois que l'offre de pétrole a un peu piqué du nez.

Si le PIB freine, alors la dynamique s'inverse temporairement : les mécanismes d'amplification – notamment financiers – font chanceler l'économie, et la demande de pétrole baisse aussi. Mais si le prix baisse, les opérateurs cessent d'investir, car un prix du pétrole bas ne permettra pas de rentabiliser les projets (c'est exactement ce qui se passe en 2015). Cela conduira alors l'offre à redevenir contrainte, avec 1 à 5 ans de décalage selon la nature du gisement, et le cycle recommencera. Le prix du pétrole va donc évoluer de manière contra-cyclique avec le PIB, et on observe un grand paradoxe : la baisse du prix du pétrole annonce la baisse des investissements qui annonce la baisse de l'offre… et donc une prochaine récession. À l'inverse, une forte hausse du prix du pétrole annonce une relance des investissements qui annonce une hausse temporaire de l'offre… qui signifie un petit « souffle » de croissance !

Mais revenons à nos émissions, qui doivent baisser de 3 % par an pour être en ligne avec l'objectif des 2 °C. Si le pétrole suit le rythme d'ensemble, il faut donc qu'il diminue aussi de 3 % par an. Ce que souligne ce qui est exposé plus haut, c'est qu'en Europe, la limitation géologique mondiale qui fait sentir ses premiers effets a commencé à faire l'essentiel du travail pour nous. Du coup, cela renverse complètement le raisonnement sur l'inaction : « ne rien faire » sur les transports – qui sont le principal poste de consommation de pétrole – ne signifie pas du tout que leurs émissions vont augmenter indéfiniment, mais seulement qu'elles vont baisser à la même vitesse que le pétrole qui rentre en Europe, et de manière non gérée, déclenchant des crises économiques et de l'instabilité politique.

Au surplus, il est plus que vraisemblable que cette baisse non gérée, si c'est cela l'option que nous choisissons, ne se manifestera pas avant tout dans un prix du pétrole qui explosera, mais plus vraisemblablement dans une conjoncture économique faite d'une succession de récessions et de maigres rebonds, pour cause de non-disponibilité physique du carburant de nos machines. Et, à cause de l'oscillation évoquée plus haut sur offre et prix, une baisse du prix du baril annonçant probablement une récession, il est fort possible que notre continent connaisse un nouveau soubresaut économique majeur dans les années à venir, dont il faut espérer qu'il se produise avant les prochaines présidentielles et non après, pour éviter une élection sur un malentendu encore plus fort que celui qui a eu lieu pour l'élection précédente.

Très accessoirement, ce qui précède signifie entre autres que les pays dits riches vont avoir des problèmes économiques croissants (pour cause d'accès de plus en plus difficile au pétrole résiduel) alors que les pays dits pauvres vont leur demander d'accroître l'effort en leur faveur pour limiter leurs émissions ou gérer les conséquences croissantes du changement climatique : la négociation risque de ne pas être simple... Dans le monde, le « laisser-faire » sur le pétrole peut éventuellement conduire les émissions provenant de ce combustible à rester à peu près constantes à court terme, mais elles ne pourront plus croître fortement, et entameront un déclin quoi qu'il arrive d'ici une décennie environ.

Restent alors le gaz et le charbon. Ce dernier occupe désormais la première place sur le podium des émissions pour les combustibles fossiles, avec 44 % du CO_2 fossile, quand le pétrole est à 36 % et le gaz à 20 %. Comme il voyage peu, sa consommation, à la hausse ou à la baisse, dépend pour l'essentiel de l'envie qu'en auront les pays qui détiennent ce combustible. Question : qui a du charbon ? Réponse : avec huit pays seulement, nous avons attribué plus de 90 % des réserves prouvées mondiales. Ce sont, dans l'ordre, les États-Unis, la Russie, la Chine, l'Australie, l'Inde, l'Afrique du Sud, le Kazakhstan, l'Ukraine et l'Allemagne. Il y en a certes sur tous les continents, et pourtant, plus encore que le pétrole, la détention du charbon est concentrée aux mains de quelques nations seulement, qui jouent donc un rôle central dans les négociations climat.

Qu'est-ce qui pourrait pousser ces pays à se passer de charbon ? Voici une question qui ne semble pas beaucoup inquiéter les écologistes politiques français, alors que c'est la première à se poser pour que l'objectif des 2 °C soit respecté ! En fait, on peut sérieusement douter de la profondeur d'analyse de ce parti sur le sujet climat : l'Allemagne est parée de toutes les vertus alors que sa transition n'a aucun effet sur ses émissions de CO_2, et dans le même temps les États-Unis continuent à être décriés alors que leurs émissions de CO_2 ont baissé de 8 % depuis 2007, entre autres grâce à la baisse de 20 % du charbon, remplacé par du gaz (de schiste, horreur !) dans la production électrique. Mais même si nous admettons que les propriétaires du charbon se fichent comme d'une guigne du changement climatique – ce qui, au moins pour la Chine et les États-Unis, est une vision simplificatrice – le charbon n'est pas éternel, et il doit obéir lui aussi à la règle : le stock de départ étant donné une fois pour toutes, son extraction annuelle passera aussi par un maximum avant un déclin inexorable.

Avec une hypothèse simplificatrice de passage du maximum de production au moment où la moitié du stock extractible est extraite, la production de charbon peut encore augmenter jusqu'en 2050 environ. C'est bien trop tard pour un changement climatique maintenu dans des limites que nous pensons aujourd'hui gérables (2 °C), mais ce n'est pas 2100 pour autant. Pour le gaz, la règle s'applique aussi. Si seule la limite géologique conditionne la date du maximum, on parle de 2030 ou 2040, sachant que, pour la mer du Nord, le maximum est passé pendant la décennie 2010. Si nous ajoutons des émissions liées au pétrole qui plafonnent presque dès à présent, des émissions liées au gaz qui ne peuvent plus croître après 2040, et des émissions liées au charbon qui ne peuvent plus croître après 2050, comment arriver à des émissions qui croîtraient encore jusqu'en 2100 ?

Il reste un petit espoir, si l'on peut dire, de conserver cette possibilité, mais ce n'est pas du tout la façon d'obtenir des émissions croissantes jusqu'en 2100 dans les simulations. En effet, nous n'avons pas encore parlé des émissions liées à la déforestation, et de celles provenant des pratiques agricoles, qui ensemble représentent à peu près un tiers du problème. Pour la déforestation, il est évident qu'avec 1 500 milliards de tonnes de carbone contenues dans les écosystèmes terrestres, nous pourrions, si nous supprimons toutes les forêts, viser des émissions qui augmentent quasiment jusqu'en 2100. Comme pour le charbon, le nombre d'acteurs concernés est réduit : l'essentiel de la couverture forestière mondiale est situé dans trois bassins forestiers (Amazonie, Asie du Sud-Est, et Afrique tropicale), et l'essentiel des émissions liées à la déforestation en provient. En première approximation, le déterminant premier de la déforestation est la croissance démographique, qui engendre un besoin accru en terres agricoles, mais… la consommation de viande est aussi un déterminant, puisqu'il faut environ 10 fois plus de surface cultivée pour manger du bœuf que des lentilles. Dans les pays concernés, c'est donc la limitation de la croissance démographique qui est l'objectif à viser. Comment, par quels moyens, avec quelles contreparties ?

Mais, pour en revenir à nos émissions, si l'énergie fossile – donc l'énergie tout court pour l'essentiel – commence à faire défaut de manière croissante à partir de 2050, et que l'humanité se met à vivre en récession perpétuelle, au surplus dans un contexte de changement climatique de plus en plus intense, est-il encore logique d'imaginer que cette même humanité devienne sans cesse plus nombreuse, vive en paix, et n'ait comme seul objectif que de couper des arbres pour créer des surfaces agricoles ?

Il semble bien plus rationnel d'imaginer que, en pareil cas, un nombre croissant de « catastrophes » se chargera de mettre en cohérence une planète de plus en plus mitée et une humanité qui devra suivre le même chemin. Autrement dit, le « laisser-faire » ne garantit qu'une seule chose : bien avant 2100, les émissions se mettront à baisser, et ce sera parce que l'humanité commencera à se contracter sous la double pression du défaut de combustibles fossiles, et d'une modification globale de l'environnement qui ne pourra plus être compensée avec les moyens à la disposition des hommes.

Jolie perspective !

Pourquoi, alors, les physiciens qui se servent de modèles de climat testent-ils des scénarios où les émissions croissent sans cesse jusqu'en 2100 ? La première partie de la réponse est très simple : les scénarios en question n'ont jamais eu dans leur cahier des charges qu'ils devaient tenir compte des données connues sur les ressources en combustibles fossiles dans le monde. Ils ont été élaborés par des chercheurs qui ne sont pas des spécialistes de la question, et qui ont supposé qu'il y en avait autant qu'on le voulait. Impossible, dès lors, de coupler la contrainte amont (la disponibilité en énergie fossile) et la contrainte aval (le changement climatique).

Par ailleurs, aucun modèle de climat n'avait dans son cahier des charges de simuler l'effet en retour du changement climatique sur l'humanité, ce qui est nécessaire pour imaginer comment et quand le changement climatique pourrait limiter la taille de la population ou nos activités, et donc les émissions. On aurait pu imaginer, par exemple, que les modèles intègrent l'effet de la diminution de la production agricole sur la population, en en faisant mourir une partie de famine si elle n'a plus de quoi se nourrir, ce qui entraîne de fait une modification de la trajectoire des émissions.

Le fait d'avoir limité les modèles à une relation dans un seul sens (des émissions vers la perturbation climatique, sans rétroaction sur l'humanité et ses émissions), et de ne pas avoir fait le lien avec la disponibilité en combustibles fossiles a ainsi répandu, au corps défendant de l'essentiel des chercheurs, l'idée que le laisser-faire était une forme de garantie que les ennuis seraient pour dans très longtemps. Hélas, c'est tout l'inverse…

CHAPITRE 8

Écolo et pronucléaire ?

Inutile de demander ce qu'il pense du nucléaire civil à un militant écologiste français. On connaît la réponse : le nucléaire, c'est l'horreur absolue. Il va polluer l'environnement pour cent mille ans, causer des cancers par millions, confisquer le pouvoir au peuple, et occasionner des accidents terribles qui rendront la planète invivable. Tout est bon pour s'en débarrasser, y compris d'augmenter « transitoirement » les émissions de gaz à effet de serre[1], ce qui revient à dire que le nucléaire est bien pire que le changement climatique.

Avant de poursuivre, précisons que le nucléaire, dans cette affaire, sera le nucléaire civil. Les bombes, cela doit être beaucoup moins dangereux, puisque les antinucléaires demandent bien plus souvent l'éradication des centrales que des armes atomiques ! Là où l'affaire commence à devenir intéressante, c'est que le discours le plus souvent lu ou entendu dans les médias grand public, qui est rarement positif, parfois neutre, et le plus souvent opposé de manière tiède ou franche, ne semble pas déboucher sur une attitude majoritairement hostile des Français. Nos concitoyens sont-ils idiots, ou plus malins qu'on ne le pense ?

Partons du début · que ce soient les « anti » qui ont le traitement de faveur dans les médias, il est facile de le constater. Il suffit

1. Cette affirmation figure de manière explicite dans des documents édités par des mouvements antinucléaires français.

de compter les lignes qui parlent du nucléaire en bien ou en mal dans la presse écrite, ou de mesurer le temps de parole consacré aux arguments pour et contre dans l'ensemble du paysage audiovisuel. Une bonne raison pourrait être que le nucléaire fait objectivement courir des risques inacceptables, mais ce n'est pas ce qui ressort des innombrables études faites par des médecins, des physiciens ou des biologistes, et dont les résultats sont tout à fait publics, puisque parus dans des revues scientifiques.

La raison première est probablement... que nous sommes un pays de Gaulois, un peuple d'Astérix qui raisonnent mieux et courent plus vite que les gros, et finissent toujours par avoir le dernier mot. Dans notre pays de rouspéteurs, qui adorent l'individu et abhorrent l'organisation, qui aiment les exploits individuels ou de petite équipe mais détestent la discipline et le civisme, nous avons des médias à notre image. Le petit a raison par principe, parce que c'est lui qui a notre sympathie par défaut. Un patient poireaute aux urgences ? Il a raison, et l'hôpital a tort. On ne se demandera pas une seconde s'il y est allé pour un rhume pendant que les médecins s'occupent d'une personne tombée d'un toit, ou si le fait de ne pas attendre demanderait que le nombre de médecins double (et les cotisations de Sécurité sociale aussi), ce que le poireauteur des urgences refuserait avec la dernière énergie.

En matière environnementale, la règle s'applique de la manière suivante : le militant qui proteste contre quelque chose est le « petit », et il aura par défaut la faveur du traitement médiatique. Ce sont ses arguments qui seront toujours présentés en premier, bénéficieront du plus d'espace, voire occuperont la totalité de l'article ou du reportage. Il peut alors se passer deux choses : soit ses arguments sont pour l'essentiel alignés sur ceux de la sphère scientifique et technique, même s'il y a toujours de l'exagération, comme c'est par exemple le cas pour le changement climatique. Il sera alors facile de trouver des scientifiques qui prendront le relais sur la base de ce qui a déjà été dit, et il y aura de la vulgarisation technique orthodoxe sur le problème dans les médias.

Mais il arrive aussi que les arguments du militant rouspéteur n'aient aucune base scientifique. L'effet de prééminence du militant jouera quand même, et la presse commencera alors par relayer des conclusions infondées sans en avoir conscience. Mais comme il est difficile de vulgariser un problème qui n'existe pas, elle ne trouvera pas d'experts et de scientifiques pour prendre le relais dans le sens de ce qui a déjà été dit. Les journalistes qui ont relayé les arguments erronés des militants pourraient certes donner la parole aux spécialistes techniques qui reposeraient le problème de manière correcte. En pratique ce n'est pas ce qui se passe. La population reste donc uniquement abreuvée d'informations incorrectes, ce qui est assez ennuyeux puisque le vote puis la décision publique en dépendent.

Il y a heureusement de nombreux domaines où les militants n'inventent pas trop ce qu'ils avancent, même si la tendance à l'exagération n'est jamais très loin : la surpêche, la déforestation, le changement climatique, la perte de biodiversité, l'érosion des sols, la mortalité des abeilles, et j'en passe. Mais il y en a trois qui sont emblématiques de l'inverse : le nucléaire, les gaz de schiste et les ondes électromagnétiques.

Pour ce qui est des ondes, il n'existe pas aujourd'hui d'étude de cohorte qui quantifie les effets sur la santé en fonction de la nature de l'exposition. Cela ne veut pas dire que les ondes auxquelles nous sommes exposés sont sans effet (quand on en reçoit suffisamment, comme dans un micro-ondes, on sait même que cela a un sacré effet !), mais cela interdit, en toute bonne rigueur, d'*affirmer* que l'effet est ceci ou cela. Il en va de même pour les gaz de schiste : leur exploitation présente de multiples inconvénients, mais il se trouve que, pour le coup, la fracturation de roches à 3 000 mètres sous terre ne présente aucun inconvénient particulier. Du reste, on fracture aussi des roches profondes pour exploiter l'énergie géothermique à haute température, et là les écologistes trouvent que c'est plutôt une bonne idée !

Dans le domaine environnemental, le premier déterminant de l'accès de la science au grand public en France est donc que l'argument scientifique soit d'abord employé par le monde militant. Sinon, l'information scientifique orthodoxe aura le plus grand mal à se voir médiatisée. Comme, dans le domaine du nucléaire, le militant met le plus souvent en avant des éléments qui ne correspondent pas aux faits rapportés par la science, il n'y a pas de vulgarisation dans les médias. Qui se souvient avoir déjà vu à la télé une émission où seraient invités un physicien, un ingénieur, un biologiste et un médecin, tout simplement pour expliquer ce qu'est une fission, l'effet d'un rayonnement en fonction de la dose, ou le fonctionnement d'une centrale ?

Il n'en va pas de même dans tous les pays : dans les pays anglo-saxons, la vulgarisation scientifique n'est pas conditionnée à l'emploi de l'argument par un militant. Elle a donc lieu de manière systématique, et sur le nucléaire cela peut donner des choses impensables chez nous : des figures environnementales, anciennement antinucléaires, devenant pronucléaires, par exemple. Cela a été le cas, aux États-Unis, d'anciens dirigeants de Greenpeace, ou encore d'un des chroniqueurs « écolo » du *Guardian*, en Grande-Bretagne. Nous n'avons qu'un exemple en France : Brice Lalonde. Peut-être parce qu'il est franco-américain et a beaucoup vécu à l'étranger ?

L'hostilité au nucléaire semble plus facilement trouver de la place dans les médias de service public, et cela est probablement dû à une volonté encore plus marquée d'affirmer son indépendance quand on est payé par l'État. Quoi de mieux, alors, pour montrer que l'on n'est pas aux ordres, que de critiquer souvent son employeur et ses grands services ? La critique pleuvra alors sur le monde politique, la police, l'hôpital, et plus généralement tout ce qui est associé à l'État… dont le nucléaire.

À ce trait culturel, il faut ajouter la barrière technique. Admettons que, jeune journaliste, vous ayez à traiter de la question du nucléaire (ou tout autre domaine scientifique ou technique). Vous avez alors la possibilité de vous adresser à des scientifiques. Ils vous tiendront un discours précis, mais complexe et faisant appel à des notions inhabituelles. Enfin, ils vous avoueront leur ignorance sur certains points cruciaux, ce qui, quand vous n'avez qu'une paire d'heures pour faire votre papier ou reportage, ne vous arrange pas du tout. En outre, ces individus sont nécessairement payés par un organisme du secteur : pour être spécialiste d'une centrale, le mieux est d'en construire ou d'en exploiter une ; si vous travaillez sur les conséquences possibles du nucléaire, vous serez souvent chercheur au CEA, ou au CNRS, et dans tous les cas de figure dépendant financièrement d'une entité qui vit de la chose. Comment, alors que la presse s'affirme indépendante (ce qui est un leurre, évidemment : elle dépend *a minima* de ses annonceurs), pourriez-vous avoir confiance dans vos sources d'information ?

Sur ce point précis, il y a une règle qui, la plupart du temps, évite de se prendre les pieds dans le tapis : ne faire confiance qu'à ce qui a été précédemment publié dans une revue scientifique ou technique à comité de lecture. Le seul écueil que cette règle ne permet pas d'éviter est la conclusion à tirer quand une recherche n'a *pas* été faite, mais c'est déjà un net progrès par rapport au fait de ne pas avoir de règle du tout et de se fier à la bonne tête des gens.

Le militant écologiste, à l'opposé, a tout pour lui. Il affiche la noble motivation de vouloir sauver la planète, il revendique une place indépendante, il tient des propos simples, et il est disponible dans la minute pour vous parler – car c'est son métier – quand l'expert a plus souvent des contraintes professionnelles qui rendent sa disponibilité plus problématique... Selon vous, vers qui le jeune journaliste évoqué ci-dessus ira-t-il le plus volontiers ?

Et pourtant, en dépit de ce qui précède, et de manière assez stable, 50 % de la population française considère que le nucléaire a « plutôt des avantages », un gros tiers qu'il a « plutôt » des inconvénients, le reste déclarant ne pas savoir. Les opposants sont plus nombreux que les partisans les années où il y a un gros pépin (Tchernobyl, Fukushima), après quoi les proportions redeviennent identiques. Certes, nous avons tous en mémoire d'autres sondages qui indiquent que la presse est le corps constitué auquel les Français font le moins confiance, et ce qui précède pourrait n'en être qu'une déclinaison parmi d'autres. Il n'empêche : il est quand même intéressant de noter qu'il y a un gros décalage entre les opinions le plus souvent mises en avant dans la presse et celles de la population.

Nos compatriotes ne sont pas non plus des inconditionnels : des analyses un peu plus poussées montrent qu'ils sont surtout indécis, entre autres parce qu'ils ont peu d'occasions d'avoir des explications accessibles émanant de personnes à qui ils font confiance. Et des explications sont indispensables car, à la différence du fonctionnement d'un moulin à eau que chacun peut facilement comprendre en le regardant, une centrale nucléaire est un dispositif complexe.

D'une certaine manière, on pourrait même dire que ce genre d'installation cumule tous les handicaps quand il s'agit d'expliquer ce qui se passe. L'énergie nucléaire à l'œuvre est invisible et inaccessible à nos sens. Sa mise en œuvre se passe « à l'intérieur d'une boîte » et, à la différence d'un capot de voiture que l'on peut ouvrir pour voir ce qui s'y passe, on ne peut pas ouvrir le couvercle d'un réacteur en fonctionnement pour y jeter un œil. Les termes et unités qui permettent de quantifier les phénomènes en jeu sont incompréhensibles – il est question de becquerels, de grays, de sieverts, et j'en passe. Enfin le même adjectif « atomique » est utilisé pour une installation de production électrique – où rien ne se voit – et une arme de destruction massive, qui donne des champignons très spectaculaires, avec le risque évident que le citoyen de bonne foi assimile les deux. Il faut ajouter à cette liste que le nucléaire est aussi l'objet de ce qui pourrait s'appeler l'« effet autocar » : même s'il est globalement plus sûr que la voiture, l'autocar fait plus peur que cette dernière parce que, quand il y a un accident, les conséquences sont plus spectaculaires. Du coup les parents sont plus rassurés quand leur bambin est à l'arrière de leur voiture que quand il est dans un autocar, alors que c'est dans la première situation qu'il court le plus le risques.

Il en va de même pour le nucléaire : alors que les chiffres publiés par les Nations unies montrent que le nucléaire est le plus sûr moyen de produire de l'électricité en masse, y compris avec les accidents de

Tchernobyl et de Fukushima, c'est lui qui fait le plus peur. Les gros pépins sont heureusement peu courants, mais quand il y en a un, c'est spectaculaire, et comme les processus en jeu sont invisibles, nous n'avons pas d'approche intuitive du moment où les conséquences peuvent s'arrêter. Pourtant, les accidents les plus meurtriers liés à la production d'électricité ne sont pas dus au nucléaire. Ils viennent d'une énergie parfaitement renouvelable : l'hydroélectricité !

En 1975, la rupture après de très fortes précipitations d'un complexe de barrages à Banqiao, en Chine, aurait tué plus de 100 000 personnes (25 000 immédiatement, et le reste à cause des maladies propagées par l'eau devenue non potable). En 1979, le barrage de Machchu II, en Inde, s'est rompu en faisant plusieurs milliers de victimes. En Europe, les barrages de Malpasset-Fréjus (en France) et Vajont-Longarone (en Italie) ont été à l'origine de catastrophes – en 1959 et 1963 – qui ont fait respectivement 400 et plus de 2 000 morts. Mais voilà, un mur de barrage qui se rompt, nous comprenons ce qui se passe, nous comprenons qu'une fois les habitants à l'aval noyés il n'y a pas d'effet de long terme, et du coup nous en avons moins peur. Personne en France ne milite dans l'association Sortir des barrages !

Le nucléaire civil, en revanche, ne s'adresse pas à nos sens : une réaction nucléaire se déroulant en univers confiné, nous ne pouvons ni la voir, ni la sentir, ni la toucher, ni l'entendre, et du coup nous nous en méfions comme nos ancêtres se méfiaient du coin obscur de la grotte où, à coup sûr, était tapi le tigre à dents de sabre prêt à faire son quatre-heures de l'appétissant hominidé. Passer à un débat apaisé sur le nucléaire civil – nous y arrivons plus ou moins sur des sujets comme la cigarette, l'automobile, ou le sucre dans les boissons, qui tuent autrement plus de monde chaque année – passera par le fait que la population comprenne un peu mieux de quoi il retourne, et dispose de bases de comparaison avec d'autres situations.

Un bon point d'entrée en la matière pourrait être de faire confiance aux Nations unies, qui ont fondé plusieurs organismes scientifiques pour précisément éclairer la décision politique sur des sujets environnementaux ou sanitaires. Tout le monde connaît l'Organisation mondiale de la santé, organisme fondé en 1948 sous l'égide des Nations unies, dont l'un des mandats est de diffuser les connaissances médicales dans un certain nombre de domaines. Presque tout le monde connaît désormais le GIEC – Groupe intergouvernemental sur l'évolution du climat – qui est aussi une émanation de l'ONU et a pour rôle de produire, tous les quatre à six ans, un volumineux rapport de plusieurs milliers de pages qui synthétise la connaissance scientifique disponible en ce qui concerne la possible influence de l'homme sur le système climatique. Cet organisme, qui n'a pas pour rôle de faire de la recherche – ses effectifs permanents sont du reste d'une dizaine de personnes –, effectue une compilation des résultats publiés dans les revues scientifiques, et les publie sous plusieurs formats (dont un très long, de quelques milliers de pages, et un très court, de quelques dizaines de pages). Si le travail de cet organisme fait l'objet de critiques récurrentes, qui, pour ce que j'en ai vu, émanent *toujours* de personnes qui ont un intérêt personnel à s'opposer – problème d'ego, incompatibilité des conclusions avec des convictions économiques, politiques, religieuses, ou sociales –, les organisations écologiques militantes sont unanimes à s'appuyer sur ces rapports pour leur communication et leur action. Le GIEC fut créé en 1988, sous la double tutelle de deux autres agences onusiennes, l'Organisation météorologique mondiale et le Programme des Nations unies pour l'environnement.

Revenons maintenant à notre nucléaire. En 1955, soit trente ans avant le GIEC, le même Programme des Nations unies pour l'environnement, « marié » cette fois-là à l'Organisation mondiale de la santé, créa un autre organisme onusien chargé de synthétiser la connaissance scientifique dans un autre domaine : l'UNSCEAR, United Nations Scientific Committee on the Effects of Atomic Radiation. Tout comme le GIEC, cet organisme a reçu pour mandat de synthétiser ce qui figure dans la littérature scientifique sur les effets des rayonnements ionisants (la « radioactivité ») sur les hommes et l'environnement. Les femmes exposées à des rayonnements donnent-elles naissance à des bébés difformes ? Le césium radioactif qui se dépose sur le sol empêche-t-il d'y faire pousser des salades ? Les hirondelles sont-elles plus ou moins sensibles que les hommes aux radiations ? Toutes ces questions, et bien d'autres, sont décortiquées dans les rapports de l'UNSCEAR comme les questions que l'on peut se poser sur le climat sont décortiquées dans le rapport du GIEC.

Comme pour l'effet de serre, dont les bases scientifiques remontent à deux siècles, la radioactivité et ses effets sont étudiés depuis longtemps déjà : c'est à la fin du XIXe siècle que Becquerel découvre la radioactivité et, en 1955, on dispose déjà de plus d'un demi-siècle de connaissances accumulées.

En avril 2014, l'UNSCEAR a publié un rapport d'évaluation sur Fukushima. On peut y lire que « les doses reçues par la population, que ce soit pendant l'année qui a suivi l'accident ou à plus long terme, sont généralement faibles ou très faibles. Aucune augmentation discernable d'effets sanitaires liés aux radiations n'est attendue dans la population exposée, ni chez ses descendants ». Le moins que l'on puisse dire est que cette conclusion a été moins largement diffusée que les déclarations catastrophistes de nos militants français ! L'UNSCEAR a aussi publié des rapports sur Tchernobyl dont la presse n'a pas davantage fait écho. On peut y lire : « Parmi les habitants du Belarus, de la Fédération de Russie et de l'Ukraine, on a enregistré jusqu'en 2005 plus de 6 000 cas de cancers de la thyroïde chez les enfants et adolescents exposés lors de l'accident, chiffre qui devrait augmenter au cours des prochaines décennies. [...] Il est fort probable que ces cancers soient en grande partie imputables à l'exposition aux rayonnements juste après l'accident. *Mise à part cette augmentation, il n'existait, vingt ans après l'accident, aucune preuve d'un impact majeur d'une exposition aux rayonnements sur la santé publique*[1]. Il n'existe aucune preuve scientifique

1. C'est moi qui souligne.

d'une augmentation de l'incidence globale des cancers ou des taux de mortalité, ni des troubles bénins associés à une radioexposition. L'incidence des leucémies dans la population, l'une des principales sources de préoccupation en raison du temps de latence plus court que pour les cancers solides, ne semble pas avoir augmenté. [...] On a observé de nombreux autres problèmes de santé dans ces populations, qui n'ont aucun lien avec l'exposition aux rayonnements. »

Une commission onusienne aussi légitime que le GIEC – l'UNSCEAR – affirme donc que Fukushima ne fera pas un seul mort à cause des rayonnements, que Tchernobyl en fera quelques centaines à quelques milliers en incluant les enfants qui ont contracté un cancer à la thyroïde au moment de l'accident (le taux de décès de ce cancer n'est heureusement pas de 100 %), et que les accidents nucléaires passés, pour terribles qu'ils aient semblé, ne sont pas aussi meurtriers que l'idée que la population française s'en fait, et personne n'en entend parler. Comment, alors, mener un débat qui ne débouchera pas sur des décisions infondées ? Par ailleurs, sans entrer dans des débats techniques complexes, tous les réacteurs ne sont pas identiques, et tous ne sont pas susceptibles de provoquer les mêmes accidents. Ce qui est arrivé à Tchernobyl est notamment dû à la présence de graphite dans le cœur, et aurait été impossible (au vrai sens du terme : cela ne pouvait physiquement pas arriver) sur la quasi-totalité des réacteurs exploités dans le monde, qui n'en contiennent pas. Et l'accumulation d'hydrogène qui a causé des explosions à Fukushima peut être empêchée par un dispositif qui est obligatoire sur les installations françaises.

Enfin, le niveau de sûreté exigé des installations nucléaires ne fait pas l'objet de la même philosophie partout. Dans la plupart des pays, un réacteur doit être en permanence conforme à ses spécifications de départ. Il doit donc offrir en permanence les mêmes garanties de sûreté qu'au moment de sa mise en service. En France, c'est différent : tout réacteur doit être en permanence conforme au niveau de sécurité du moment, lequel, depuis les débuts du nucléaire civil, n'a cessé d'augmenter. Ainsi, pour être toujours autorisé à fonctionner en 2015, un réacteur français mis en service en 1990 doit avoir fait l'objet d'améliorations, qui dépendent des retours d'expérience sur les incidents et accidents survenus en France et ailleurs. Par ailleurs, entre la mise en service et la fin de vie d'une centrale, tous ses équipements ou presque, à l'exception de la cuve, auront été renouvelés ou améliorés. Et c'est ainsi que Fessenheim est probablement plus sûr aujourd'hui qu'au moment de sa mise en service !

Il n'en reste pas moins que deux zones dans le monde ont été évacuées à cause d'un problème sur un réacteur. Le déplacement de 100 000 personnes est un acte lourd de conséquences, mais qui n'aurait pas été nécessaire dans les mêmes proportions si nous avions mieux partagé l'information sur le problème. Avec le niveau de radioactivité constaté dans la zone, les alentours de Fukushima pourraient sans problème être réoccupés aujourd'hui, et auraient pu l'être il y a longtemps déjà. Celle de Tchernobyl aussi pour l'essentiel. Dans les deux cas de figure, le niveau résiduel de radioactivité est, sauf rares points isolés, inférieur à ce qui se mesure dans bien des régions habitées ailleurs dans le monde, sans effet particulier sur les populations résidentes.

Va pour le fait que les Nations unies nous disent que les accidents de centrale sont plus impressionnants que létaux. Mais le nucléaire a beaucoup d'autres inconvénients, comme les déchets, par exemple, dont on ne saurait toujours pas quoi faire. Cent mille ans, vous vous rendez compte ? Il y a au Gabon, à Oklo, un gisement d'uranium vieux de plus de 2 milliards d'années. Aujourd'hui, l'uranium de cette mine renferme, comme tout uranium sur la planète, environ 0,7 % d'uranium 235 (92 protons et 143 neutrons) et 99,3 % d'uranium 238 (92 protons toujours, mais 146 neutrons).

Mais cette proportion n'a pas toujours été identique. L'uranium 235 est très légèrement radioactif, avec une demi-vie de 700 millions d'années. Il y a 2 milliards d'années, sa concentration dans l'uranium naturel était donc, en première approximation, 8 fois plus élevée, soit de l'ordre de 5 % de l'uranium naturel, partout sur terre.

Ce pourcentage est justement voisin de celui qui caractérise l'uranium enrichi de nos réacteurs (environ 3,5 % d'uranium 235), et a conduit au démarrage d'une réaction nucléaire « naturelle » dans la mine, qui faisait par ailleurs l'objet d'infiltrations d'eau. Cela a naturellement reproduit ce qui se passe dans une centrale, où l'uranium est entouré d'eau, qui joue l'indispensable rôle de modérateur, en transformant les neutrons très énergiques émis par une fission en neutrons très lents, les seuls qui peuvent être capturés par un autre atome d'uranium 235 pour provoquer une nouvelle fission[1].

À Oklo, donc, nous voici avec toutes les conditions réunies pour que se déclenche naturellement une réaction en chaîne : de l'uranium comportant plus d'uranium 235 que ce que nous enfournons dans les réacteurs modernes et un modérateur, de l'eau, présent à cause des infiltrations. Comme dans une centrale actuelle, la fission qui prend place dégage de l'énergie, portant l'uranium – et la terre et l'eau qui l'entourent – au-delà de 100 °C. L'eau se vaporise alors, ce qui supprime l'essentiel du modérateur, et la réaction en chaîne s'arrête. Avec l'arrêt de la réaction, la température finit par baisser, et au bout d'un certain temps l'eau revient sous forme liquide, et le cycle recommence. Une réaction en chaîne pulsée a ainsi pris place dans cette mine, pendant cent mille à deux cent mille ans (aux oubliettes les soixante ans de nos réacteurs modernes !). Bien évidemment, cette réaction nucléaire a produit des déchets, dont la durée de vie était exactement la même que pour les déchets que nous produisons dans les réacteurs modernes.

1. Le modérateur porte mal son nom, puisque son rôle n'est pas d'empêcher, mais bien de déclencher la réaction en chaîne. Pour fissionner, un noyau d'uranium 235 doit commencer par absorber un neutron. Et, quand la fission a lieu, plusieurs neutrons sont émis, ce qui permet alors à la réaction en chaîne de prendre place. Mais, en pratique, les neutrons émis lors d'une fission sont un million de fois trop énergiques pour pouvoir être capturés par un autre noyau d'uranium. Il faut donc commencer par les ralentir, et pour cela il faut les faire taper contre des noyaux légers, un peu comme une boule de billard ralentit quand elle tape dans une autre boule qui a à peu près le même poids. Ce sont les atomes d'hydrogène de l'eau qui se chargent de cette fonction. Si l'uranium n'est pas entouré d'eau, ou d'un autre modérateur, aucune réaction en chaîne ne peut prendre place.

Aujourd'hui, ces déchets ont disparu, remplacés par leurs « descendants », c'est-à-dire les éléments stables qui ont fini par être produits par décroissances radioactives successives (le noyau émet des particules et change de nature). Ce sont ces descendants qui permettent d'affirmer qu'une réaction de fission a bien eu lieu à Oklo. Et nous arrivons à l'essentiel : les descendants de ces déchets sont toujours là où ils ont été formés. Les déchets nucléaires de l'époque n'ont pas été se promener en Australie ou dans la Beauce, et ne sont même pas sortis de la mine. Ils sont restés sagement là où ils ont été formés, et cela pendant 2 milliards d'années, soit 20 000 fois la durée de cent mille ans qui nous fait si peur. Et ils ne semblent pas avoir rendu toute la planète inhabitable par leur seule existence.

En matière de géologie, il est très fréquent que les confinements durent très longtemps. Tous les fossiles que nous retrouvons aujourd'hui ont été confinés pendant des dizaines de millions d'années dans la couche qui les contient. Les mines de métaux sont des confinements qui ont duré jusqu'à quelques milliards d'années. Un gisement de gaz ou de pétrole est un confinement qui a duré des millions ou des dizaines de millions d'années, nonobstant des pressions à l'intérieur qui peuvent être très élevées. Une veine de charbon est un confinement qui a duré plus de 100 millions d'années !

Avec des déchets issus d'un réacteur construit de main d'homme, qui se montent à quelques grammes par Français et par an, il n'y a pas de raison que le confinement dure moins longtemps si nous plaçons ces déchets dans la même couche géologique qu'un fossile, un gisement de pétrole ou une veine de charbon. Ils y resteront pour bien plus longtemps que l'humanité ne durera ! Avant de se faire un sang du diable pour ces déchets, il est plus urgent de s'occuper du changement climatique, de la perte de biodiversité, de la diminution des stocks de poisson, de la déforestation, de l'érosion des sols, des phytosanitaires, des innombrables pollutions chimiques, et encore des accidents de voiture ou du tabagisme.

Le nucléaire a cependant de vraies limites. La première d'entre elles est qu'il est, avec les grands barrages, un des plus gourmands en capitaux des modes « conventionnels » de production électrique. Pour construire une centrale à gaz, il faut dépenser moins de 1 000 euros par kilowatt de puissance installée. Pour une centrale à charbon, il faut compter 1 500 euros, alors que pour le nucléaire on est dans une fourchette de 3 000 à 6 000 euros. Les délais de construction sont plus longs : alors qu'il faut environ quatre ans pour construire une centrale à gaz et cinq ans pour construire une centrale à charbon, pour une centrale nucléaire on parle plutôt de 10. À l'arrivée, quand la centrale fonctionne sur plusieurs décennies, on s'y retrouve parce que le coût du combustible est négligeable : il vaut moins de 5 % du coût du kilowatt nucléaire, alors qu'il représente la moitié pour le charbon et les trois quarts pour le gaz. Mais au moment de prendre la décision d'investissement, c'est le montant de ce dernier qui sera le premier, sinon l'unique, point pris en considération et cela dissuade le plus souvent de recourir à l'atome.

En particulier, si la centrale doit être construite par un opérateur privé, ou se comportant comme tel, ce que le consensus européen n'a cessé d'encourager, le « coût de l'argent », c'est-à-dire le taux qu'il faut consentir aux investisseurs et aux prêteurs, est, comme nous allons le voir, un sujet majeur. Imaginons qu'une compagnie d'électricité fasse construire un réacteur nucléaire. Elle va alors demander à ses actionnaires de mettre au pot une partie, à ses banquiers de lui prêter le reste, et avec cela elle fera construire la centrale, qui sera payée en totalité à l'achèvement de cette dernière. À ce moment-là, notre exploitant se retrouve avec d'un côté une dépense immédiate (il a payé la construction), et de l'autre un actif, qui va lui rapporter des recettes futures (vente d'électricité pendant soixante ans).

Le banquier va donc devoir attendre que les recettes rentrent avant de récupérer petit à petit son argent. Il va donc faire ce que tout banquier fait en pareil cas : l'argent qui ne lui est pas encore remboursé « porte intérêt », et ces intérêts ne peuvent être payés que d'une seule manière : en augmentant le prix de l'électricité vendue d'autant. Plus le niveau des intérêts est élevé, plus le « coût de production » du mégawattheure le sera aussi.

Il en va de même pour l'actionnaire, qui a aussi amené une partie de l'argent nécessaire : en contrepartie de l'immobilisation de son investissement, il va vouloir des dividendes ou des plus-values (ou les deux !). Là aussi, l'actionnaire va considérer que tant qu'il est au capital, il veut tous les ans « quelque chose » qui correspond au rendement de son investissement. Pour le banquier comme pour l'actionnaire, l'argent n'a pas d'odeur : le taux minimum auquel cet argent sera prêté ou investi pour la centrale est la rémunération du « placement sans risque » disponible ailleurs, ou, pour les investissements, le rendement standard du capital dans d'autres placements. Rappelons que dans de nombreux groupes cotés on considère que le rendement normal sur capitaux investis doit dépasser 10 % par an…

De manière logique, plus l'investissement est considéré comme risqué, plus le coût de l'argent augmente. Le risque peut être perçu comme venant de la stabilité politique, réglementaire, économique… De ce fait, sans garantie sur le futur prix de marché de l'électricité, dans un pays dont l'économie ne croît pas, avec un gouvernement qui a le nucléaire un peu en grippe, et un constructeur de réacteurs qui a perdu la main, vous imaginez bien qu'on ne va pas voir les investisseurs se précipiter avec des exigences minimales de rendement !

Cette affaire de « coût de l'argent » est tout sauf anecdotique. Si l'électricien peut faire financer son réacteur à 2 %, alors un EPR valant 8,2 milliards d'euros, durant soixante ans, produira de l'électricité en base pour 43 euros le mégawattheure, dont 24 pour le remboursement de l'investissement initial. Ces 24 euros se décomposent en 16 euros versés au constructeur de la centrale et 8 euros d'intérêts et de dividendes payés au banquier et à l'actionnaire. Mais si ce taux passe à 8 %, alors le mégawattheure passe à 100 euros. Comme la facture du constructeur ne change pas, cela signifie qu'intérêts ou dividendes vont représenter 64 euros par mégawattheure. Il ne faut pas chercher ailleurs le coût très élevé auquel la centrale qui sera construite à Hinkley Point vendra son électricité : elle sera construite en recourant à des capitaux qui sont fournis à des taux très (trop !) élevés.

La conclusion est que le nucléaire aura le plus grand mal à prospérer dans un univers « de marché ». Le nucléaire aime les cadres longs et les conditions financières raisonnables, bref tout l'inverse de ce que l'économie a créé depuis que l'on dérégule partout, que les horizons de temps se raccourcissent et que la finance a pris le pouvoir dans les entreprises. Là est sa principale faiblesse, et cela explique pourquoi la « libéralisation des marchés de l'électricité » est un ennemi autrement plus féroce pour le nucléaire que les associations militantes…

Par ailleurs, comme le nucléaire est une installation à coût fixe ou presque, le mégawattheure vaut d'autant plus cher que le facteur de charge est bas. Si le nucléaire n'est utilisé qu'une partie de l'année, cela conduit fatalement à une augmentation du coût de production par kilowattheure. Mais les dispositifs où l'investissement est faible, et donc le coût peu dépendant du facteur de charge, sont des dispositifs à énergie fossile, qu'il s'agit d'abandonner.

Bon, va pour l'exploitation, qui peut se faire à un coût acceptable si nous remettons l'électricité dans un cadre de long terme, mais il faudra démanteler, et cela va coûter cher, d'autant que nous ne l'avons jamais fait ! Eh bien si : il y a actuellement en France une grosse dizaine d'installations nucléaires en cours de démantèlement, dont tous les réacteurs de type graphite-gaz abandonnés par EDF dans les années 1980. Démanteler une installation nucléaire occupe à peu près 10 fois moins de monde que de l'exploiter (arrêter Fessenheim pour la démanteler divise donc l'emploi associé par 10, et non l'inverse !), et ce que cela finira par coûter est connu en ordre de grandeur. Il y a aux États-Unis plusieurs installations comparables à nos centrales qui ont été « retournées au gazon » (il y a un champ à la place de l'une d'elles). Le coût de ces opérations a représenté de l'ordre de 15 % du coût de construction (il est surtout fonction du niveau d'exigence réglementaire qui s'applique à l'opération).

La commission de régulation du nucléaire aux États-Unis indique ainsi que le coût typique du démantèlement est de 300 à 400 millions de dollars par réacteur. Mentionnons au passage que les ingénieristes français sont déjà reconnus dans le monde pour le démantèlement des installations nucléaires…

Et la prolifération nucléaire ? C'est un danger réel, mais qui n'est pas directement lié à l'exploitation de réacteurs dédiés à la production d'électricité, et encore moins à leur nombre. À une exception près, les pays qui ont eu la bombe l'ont tous eue avant d'avoir des centrales pour la production électrique, ou sans jamais en avoir eu.

Au final, faut-il faire du nucléaire civil, ou pas ? C'est assez simple : si vous pensez qu'un seul mort lié au nucléaire est moins acceptable que 10 000 ou 100 000 morts liés à d'autres motifs ; si vous pensez que le risque de voir un pin ou un bouleau roussir dans le cas d'un relâchement accidentel de radioactivité est moins acceptable que la destruction d'écosystèmes entiers dans le cadre de nos autres usages de l'énergie (mines, barrages, et évidemment changement climatique) ; si vous pensez que l'acidification de l'océan est moins grave que le fait d'y déverser un peu d'effluents radioactifs à des niveaux sans conséquence ; si vous pensez qu'il n'est pas grave de multiplier par 10 à 100 la consommation de métaux pour produire de l'énergie (ce qui est le cas quand on utilise des renouvelables diffuses plutôt que du nucléaire) ; si vous pensez que le risque climatique ne produira rien d'autre comme désagrément qu'un peu plus de climatiseurs achetés, alors il faut assurément refuser le nucléaire.

Mais si vous pensez qu'un mort ici vaut un mort là, qu'une espèce ou un mètre carré de sol préservé ici vaut une espèce ou un mètre carré de sol préservé là, et que la course contre la montre demande que l'on commence par supprimer les énergies fossiles avec ce qui est le plus efficace par euro investi, alors non seulement il ne faut pas abandonner le nucléaire, mais il faut, avec d'autres mesures, le développer rapidement, car c'est une forme de production d'électricité qui présente le moins d'inconvénients pour une production donnée. Sans que cela constitue une preuve de son innocuité, évidemment, il est intéressant de noter que, depuis Fukushima, il y a plus de gouvernements de par la planète qui ont décidé de démarrer le nucléaire que de pays qui ont décidé de l'arrêter. Il y a aussi plus de pays en Europe qui veulent le garder ou en avoir plus que de pays qui n'en veulent pas ou veulent l'arrêter ; Obama a mis le nucléaire dans les *clean energies* de son plan climat ; les Chinois comptent dessus pour atteindre leurs objectifs d'émission, et surtout, recourir entre autres à cette forme d'énergie est considéré comme indispensable par les rapports du GIEC si on veut avoir une chance de tenir les 2 °C.

Ne nous laissons pas aveugler par le choix « sentimental » des Allemands. Au pays de Descartes, qui respecte ses hommes de science, ne devrions-nous pas accepter que, pour une fois, les faits donnent tort à notre bien-aimé Astérix ? Ne devrions-nous pas arrêter d'avoir le nucléaire honteux ?

CHAPITRE 9

La crise de la dette, c'est la faute aux banques

La crise financière de 2008 aux États-Unis ? C'est la faute des banques ! Il est bien connu qu'elles ont fait n'importe quoi, prêté de l'argent à des gens parfaitement insolvables, maquillé leurs comptes pour faire apparaître comme solides des produits financiers qui ne l'étaient pas, et commis moult autres turpitudes toutes plus blâmables les unes que les autres. Leurs dirigeants mériteraient tous de filer en prison sans passer par la case départ. Il est certain que la profession bancaire porte une part de responsabilité forte dans le pastis qui a démarré en 2008. Mais le vrai coupable qui se cache derrière les banquiers et leurs pratiques discutables s'appelle… le pétrole. Et l'histoire qu'il nous faut raconter pour expliquer ce qui s'est passé ne débute pas en janvier 2008, mais remonte à plus d'un demi-siècle.

Après la Seconde Guerre mondiale, le monde occidental a connu une période d'euphorie économique sans pareille qui est restée dans l'histoire sous le nom de Trente Glorieuses, avec une croissance économique annuelle de l'ordre de 5 %, permise par une offre en énergie fortement croissante, et en particulier une production de pétrole qui a augmenté de près de 10 % presque tous les ans sur la période 1945-1974. À cette époque, les États n'étaient pas endettés.

La dépense publique était certes en croissance chaque année, mais les recettes fiscales aussi, et l'État pouvait équilibrer ses comptes avec le seul produit des impôts. Arrivent les chocs pétroliers : le prix du pétrole explose, avant de revenir à la normale quelques années plus tard, donnant à de nombreux observateurs le sentiment que les conséquences de ce choc ne sont que temporaires. Mais quelque chose de beaucoup plus fondamental se passe à ce moment-là : de près de 10 % par an, la croissance de la production de pétrole descend à moins de 1 % par an en moyenne, jusqu'en 2005 où la croissance cesse complètement.

Conséquence : privé d'un afflux de carburant en expansion rapide, le PIB s'arrête aussi de connaître une augmentation annuelle du style corne d'abondance. Dans la zone OCDE, le rythme de croissance passe quasi instantanément de 6 à 3 % par an. Mais les États n'ont pas compris – et les électeurs n'étaient pas prêts à entendre – qu'il fallait définitivement oublier la croissance du passé, et immédiatement adapter le rythme d'évolution de la dépense publique aux rentrées futures, qui seraient moins grasses qu'avant. Si vous n'avez pas assez pour boucler votre fin de mois, et que vous ne voulez pas de la solution « je dépense moins », il ne reste qu'une possibilité : emprunter ce qui vous permettra de garder votre train de vie, à la condition que la personne qui vous prête ait confiance dans le fait qu'un jour vous pourrez la rembourser.

C'est ce qui s'est passé avec les États. Ils ont demandé aux épargnants de leur confier leurs économies, pour assurer une dépense qui continuait d'augmenter plus vite que les recettes fiscales. Mais au lieu de revenir, la croissance n'a cessé, en tendance, de s'affaiblir, ce qui était logique puisque la croissance de l'énergie disponible avait elle aussi tendance à diminuer. Et, pour ne rien arranger, c'est justement quand il y a moins de croissance que la demande d'État augmente. Du coup, et en tendance bien sûr, chaque État s'est mis à emprunter davantage que l'année précédente, créant à son échelle une gigantesque pyramide de Ponzi : les premiers emprunteurs sont remboursés, avec intérêts, avec l'argent des emprunteurs suivants.

Après 2005, quand la production de pétrole dans le monde s'est arrêtée de croître, le mécanisme s'est encore emballé. À ce moment, la croissance économique des pays de l'OCDE est passée de 3 à 1 % par an en moyenne, et l'endettement public de ces pays a explosé.

Qui détient la dette des États ? Des épargnants, ou leurs mandataires. Ce peut être vous, si vous avez de l'assurance-vie (en France, l'essentiel de l'assurance-vie est constitué de dette d'États de la zone euro), ou bien un fonds de pension qui place l'argent qui paiera votre retraite, ou encore une entreprise qui place sa trésorerie. Ce ne sont donc pas les « marchés » qui prêtent aux États, mais bien des acteurs qui ont de l'épargne à placer, que ce soient des particuliers, des entreprises (dont les banques), des associations ou tout autre acteur qui souhaite en placer une partie en faisant confiance à un État. Ce qu'on appelle « le marché » matérialise les niveaux de prix qui résultent de la confrontation des emprunteurs et des épargnants.

Cela étant, ce n'est pas l'excès de dette publique qui a été directement concerné par la « crise des *subprimes* », La relation de cause à effet est plutôt allée dans l'autre sens : à la suite de cette crise, de nombreux États ont vu leur note, censée mesurer leur capacité à rembourser dans de bonnes conditions, abaissée, parce que la crise a fait baisser la base fiscale, alors que l'endettement était toujours en train d'augmenter, parfois très rapidement. Mais ce changement des notes (le fameux triple A que la France a perdu à ce moment-là) n'a pas fondamentalement changé le comportement des épargnants. La France emprunte aujourd'hui à des taux plus bas qu'avant la dégradation de sa note ! Et partout dans le monde, il y a toujours des flots d'argent qui se précipitent pour boucher les trous dans les budgets. Jusqu'à quand ? Et que se passera-t-il quand ce ne sera plus la Grèce, mais un État plus important qui va chanceler ? Car avec des dépenses publiques qui augmentent et une base fiscale qui va rétrécir en tendance, c'est juste une question de temps…

C'est la dette privée, et plus précisément immobilière, qui a été directement associée au déclenchement de la crise. Le crédit immobilier représente souvent l'essentiel de l'endettement des ménages dans les pays dits industrialisés (80 % en France, 75 % aux États-Unis, par exemple). Et cet endettement, comme celui de la sphère publique, n'a fait qu'augmenter sur les dernières décennies. Pendant les Trente Glorieuses, avec des revenus réels augmentant de 4 % par an, les consommateurs sont à la fête : il n'est pas difficile de trouver un banquier arrangeant, puisque tout le monde voit ses revenus s'accroître en permanence. C'est l'époque où de très nombreuses personnes accèdent à la propriété avec des crédits qui seront d'autant moins difficiles à rembourser que l'inflation (qui fait baisser le taux réel de l'emprunt, voire le rend négatif) va leur donner un bon coup de pouce.

Il va cependant se produire dans certains pays une différenciation essentielle, qui va préparer les événements de 2008. En France, en matière de crédit immobilier, la tradition bancaire est depuis longtemps de prêter en fonction des revenus, et non en fonction de la valeur du bien acheté. L'hypothèque prise sur ce dernier est une garantie de dernier recours, mais le mode de fonctionnement normal n'est pas de se dire « en cas de défaut je saisis et je revends, et donc je peux prêter sans me soucier des revenus de l'emprunteur dès lors que la garantie couvre l'encours ». Une des raisons à cela est que la loi française est fortement protectrice du débiteur, et on n'y saisit pas facilement un bien immobilier.

Aux États-Unis, en revanche, la valeur du bien acheté pèse bien plus dans la décision du banquier d'octroyer un crédit, car la tradition de ce pays, où la prise de risque économique est normale, est de faire confiance *a priori* à celui qui dit qu'il remboursera. En contrepartie, la sanction est plus dure en cas de contrat non respecté. C'est probablement cela qui explique que l'emprunteur qui assure qu'il trouvera bien de quoi rembourser se voit octroyer plus facilement un crédit, sachant qu'il accepte aussi que son bien soit plus facile à saisir en cas de pépin.

Nous voici donc avec des particuliers qui veulent emprunter pour acheter des biens immobiliers, et des banques qui sont ravies de leur faire crédit tant qu'il y a les bonnes garanties, celles-ci n'étant pas de même nature partout. Et puis arrivent les chocs pétroliers de 1974. En France, les revenus augmentent moins vite, et du coup les encours de crédit aussi, ce qui permet aux banques d'ajuster le risque. Mais, aux États-Unis, ce sont les prix de l'immobilier qui pilotent les encours, puisque l'on prête à concurrence de la valeur du bien acheté. Or l'immobilier a continué à augmenter après les chocs pétroliers, et surtout, comme en France, il est monté plus vite que les revenus sur la décennie 2000, poussant ainsi à une déconnexion accrue entre les encours de crédit des Américains (ajustés sur les prix des biens) et la capacité réelle de remboursement de ces derniers (ajustée sur les revenus).

En outre, ce système possède un mécanisme d'amplification intrinsèque : si le prix de l'immobilier augmente en tendance, alors les acheteurs sont plus nombreux, car ils espèrent une plus-value en achetant puis revendant. En face, les banques prêtent plus (puisque les prix des biens qui viennent en garantie augmentent), et la demande solvable de logements qui augmente (parce que le crédit est plus accessible) fait en retour monter un peu plus le prix des logements : c'est reparti pour un tour. Dans cette inflation des crédits, cependant, la banque finit par buter sur une limite : ce que l'on appelle les « ratios prudentiels ». Le métier de banquier fait en effet partie de ceux qui sont encadrés par la puissance publique, et il n'est pas possible d'y faire absolument n'importe quoi. Une des contraintes que le régulateur a imposées aux banques est de disposer en fonds propres – leur argent « à elles », et non laissé en dépôt par un tiers – d'une fraction minimale des encours de crédit. Supposons, pour illustrer ce qui va suivre, que cette fraction soit de 10 %. Si la banque dispose de 1 milliard d'euros de fonds propres (son capital, et ses bénéfices non distribués) elle va pouvoir prêter 10 milliards d'euros à ses clients.

Mais si la banque ne possède que 1 milliard, comment peut-elle en prêter 10 ? Tout simplement parce que la banque ne prête pas que l'argent qu'elle possède. Quand elle vous octroie un crédit de 100 000 euros, elle met cette somme à votre disposition, mais dans le même temps, vous lui devez autant. Et cette somme que vous devez, la banque peut l'utiliser en garantie pour se refinancer ailleurs si nécessaire. Comme chaque crédit apporte des intérêts, plus la banque prête, et plus elle peut espérer gagner d'argent. Mais, dans le même temps, elle prend de plus en plus de risques, car les clients offrent de moins en moins bonnes garanties quand leur nombre augmente, et cela accroît la probabilité de défauts. La réglementation a donc imposé une limite à sa capacité de prêt, qui est de respecter le ratio de fonds propres évoqué ci-dessus, que l'on appelle encore ratio de solvabilité. Il vise à limiter le nombre de personnes à qui la banque peut prêter avec des fonds propres donnés, pour mieux la couvrir contre le risque de défaut de ses emprunteurs.

Dans le courant de la décennie 1960, le monde bancaire américain, fortement encouragé par le Congrès, a inventé une arme fatale pour ne plus être limité par ce ratio : la cession de crédits. Le principe est le suivant : vous commencez par prêter à vos clients autant que vos fonds propres vous en donnent le droit. À ce moment, vous proposez à des épargnants d'acheter les crédits que vous avez accordés. Ces épargnants deviennent ainsi propriétaires de crédits contractés par des clients de la banque. Quand les emprunteurs devront rembourser, ce n'est pas la banque qu'ils vont payer, mais les épargnants. L'épargnant, dans cette affaire, a d'abord été des sociétés publiques, Fannie Mae et Freddie Mac, qui délestaient ainsi les banques de leurs crédits immobiliers. Le but était « politique », comme on dit : cela a permis d'accélérer le taux d'accession à la propriété des ménages américains, qui n'étaient plus limités par les fonds propres des banques pour emprunter à tour de bras.

Une autre solution aurait pu être d'augmenter les fonds propres des banques, mais cela supposait soit de procéder sans cesse à des augmentations de capital, soit de ne jamais distribuer de dividendes, et dans les deux cas les actionnaires – qui sont souvent, aussi, des épargnants ! – n'auraient peut-être pas suivi. Avec la cession de crédits, vous traitez plus d'opérations sans augmenter les fonds propres, vous gagnez plus d'argent, et augmentez les résultats et la valeur de l'action : que du bonheur en apparence. Et tous ceux qui sont concernés semblent gagnants : l'épargnant achète un produit d'épargne « certifié par la banque » qui lui rapporte, et la banque n'est plus propriétaire des crédits qu'elle a cédés... qui n'entrent donc plus en ligne de compte pour le respect de son ratio de solvabilité, moyennant quoi elle peut refaire crédit à d'autres personnes.

Puis dans les années 1980, le processus a été perfectionné : plutôt que de céder les crédits un par un, la banque en fait des gros paquets et propose aux épargnants d'acheter des petits morceaux du paquet global. L'épargnant n'est alors plus propriétaire d'une partie de la dette d'une seule entreprise, comme avec une obligation, ou du crédit d'un seul emprunteur, comme avant, mais il devient propriétaire d'une partie d'un paquet de crédits, consentis cependant à des gens qu'il ne connaît pas, et avec des proportions entre les divers emprunteurs qu'il ignore. Le terme « titrisation » est venu de ce que dans ce processus on a créé des titres de propriété – sur un morceau d'un paquet de crédits – qui sont négociables sur un marché.

En bonne logique, le régulateur aurait dû interdire la cession de crédits, un par un ou sous forme titrisée, qui fait que la banque ne garde plus par-devers elle les risques qu'elle crée, et qu'avec des fonds propres donnés il est devenu possible de créer autant de crédits que l'on veut pourvu que l'on trouve des épargnants confiants. Mais il fallait booster l'économie (la titrisation démarre après les chocs pétroliers, et ce n'est probablement pas un hasard), et le fait d'ouvrir en grand le robinet à crédit permettait de favoriser l'investissement, la hausse des actifs, et tout cela était bon pour le PIB. Tout le monde a laissé faire.

Mais si le ratio de fonds propres a été instauré, il y avait une bonne raison : s'il y a trop de crédits en circulation, à un moment ils excèdent la capacité de remboursement permise par les revenus réels, et le système ne tient, comme pour la dette publique, qu'avec l'invention d'une forme de dette perpétuelle, et même perpétuellement croissante. Tant que l'on peut emprunter à nouveau pour payer le crédit précédent, parce que la capacité d'emprunt est uniquement fonction du prix d'un actif qui ne cesse d'augmenter, le système se maintient, mais dès que le prix de l'immobilier baisse, tout s'écroule.

Et c'est ce qui s'est passé aux États-Unis : après des décennies de hausse, le prix de l'immobilier a commencé à baisser en septembre 2006, attaqué par une conjoncture qui commençait à ralentir, en conséquence du coup de frein sur l'approvisionnement pétrolier mondial qui a pris place un an plus tôt. Avec des maisons qui valent de moins en moins cher, les détenteurs de crédits ne peuvent plus rembourser en empruntant encore plus, avec la garantie de leur bien qui vaut lui-même plus cher. Il faut désormais rembourser avec une partie du chèque de fin de mois. Mais ce dernier s'avère insuffisant, et les défauts commencent à se multiplier.

Dès lors, le système s'est mis à fonctionner en marche arrière : les défauts en croissance débouchent sur des saisies en croissance, et le marché se retrouve inondé de biens saisis à vendre, ce qui fait baisser encore plus le prix de l'immobilier. Le processus de défaut s'accélère d'autant, puisque de plus en plus de gens se retrouvent avec un crédit, une garantie qui ne vaut pas le montant du crédit, et des revenus insuffisants pour payer l'emprunt sans se refinancer… Devant l'envolée des défauts, certaines banques ont alors fait faillite, et une partie des épargnants qui avaient acheté des crédits immobiliers titrisés se sont retrouvés ruinés, parmi lesquels… Lehman Brothers. Quand c'étaient des fonds de pension qui étaient propriétaires de ces produits d'épargne, cela a conduit à ce que les retraités ont vu leur retraite diminuée, parfois de manière très substantielle, ce qui a aussi contribué à déprimer encore plus le PIB en comprimant fortement les revenus d'une partie des consommateurs.

La faillite de Lehman Brothers a donc été une des manifestations de la crise, mais pas sa cause première. Cette institution n'a pas eu la chance d'être considérée comme « *too big to fail* », comme nombre d'autres acteurs financiers américains, qui, eux, ont été renfloués *in extremis* par le gouvernement américain, ce qui a été le cas de

Fannie Mae et Freddie Mac, ou encore de l'assureur AIG, le plus gros mondial à l'époque, qui s'est fait nationaliser pour l'occasion. La Grande-Bretagne, qui avait un système financier et bancaire pas très éloigné du système américain, a dû procéder au sauvetage de la Royal Bank of Scotland, la deuxième plus grande banque du pays (et d'Europe), qui a aussi été nationalisée en un clin d'œil.

Partie d'une offre pétrolière insuffisante pour maintenir la croissance qui aurait été nécessaire pour rembourser les emprunts « pour de vrai », la crise est devenue financière aux États-Unis et en Grande-Bretagne, puis s'est propagée au reste du monde. Mais le terme qui évoque le phénomène – crise des *subprimes* – a fini par être confondu avec le phénomène lui-même. Certes, les banques avaient accordé trop de crédits à des ménages à revenus modestes, avec la complicité active ou tacite d'un régulateur défaillant, d'agences de notation qui ont étendu aux produits titrisés la note de la banque qui les cédait, d'un gouvernement américain démagogique qui a poussé à la mise en place du système, et plus largement d'États occidentaux qui n'ont cessé de donner le mauvais exemple en vivant perpétuellement au-dessus de leurs moyens depuis les chocs pétroliers.

Mais pour que cette crise arrive il fallait surtout une illusion partagée sur le fait que la croissance serait perpétuelle alors qu'elle dépend de l'énergie. La cause profonde de cette crise est donc doublement liée à l'énergie : le premier choc pétrolier a poussé à la croissance du crédit pour faire repartir l'économie, et la montagne de dettes que cela a créé a été directement attaquée par le nouveau ralentissement économique causé par le plafonnement de l'offre pétrolière en 2006.

Et nous ne sommes pas du tout tirés d'affaire : les conditions d'un nouvel épisode de marche arrière sont à nouveau réunies aujourd'hui : à cause de la chute du prix du baril, les investissements des opérateurs pétroliers sont attendus en baisse de 20 à 40 % pour 2015 par rapport à 2014 ; du coup, la production pétrolière va se tasser, et l'économie mondiale ralentir. Quant à l'endettement total, il est encore plus élevé aujourd'hui qu'il ne l'était en 2008, même si sa répartition a changé : la dette publique a fortement augmenté, alors que la dette privée (ménages et entreprises) a globalement un peu diminué.

Il n'est du coup pas certain que la prochaine étincelle surviendra dans la même poudrière qu'en 2006 : ce n'est peut-être pas le crédit immobilier qui déclenchera la prochaine instabilité majeure. Cela pourrait être la dette d'un État significatif qui fera défaut, la Grèce donnant aux Européens un petit avant-goût de la chose. Mais la potion amère fera appel aux mêmes ingrédients : la croissance ralentira, en conséquence d'une offre pétrolière contrainte, et cela attaquera la composante de la dette la plus vulnérable à ce moment-là. La seule bonne question est de savoir quand la régulation aura lieu, et sous quelle forme, pas de savoir si elle aura lieu dans les années à venir…

CHAPITRE 10

Pétrole et Front national sont dans un bateau

Chaque fois que le Front national affiche un bon résultat électoral, quantité de commentateurs déboulent sur les plateaux de télé pour nous expliquer le phénomène. On invoque tout d'abord l'effet repoussoir provoqué par les partis dits traditionnels, qui, il faut l'admettre, semblent faire tout ce qu'ils peuvent pour donner envie d'aller voir ailleurs. Ils accumulent les promesses irréalistes ; dès que quelque chose va mal, ils ne sont jamais responsables de rien et c'est toujours la faute de ceux qui les ont précédés (alors que dès que quelque chose s'améliore c'est évidemment en totalité le résultat de leur action !) et, périodiquement, un de leurs membres se retrouve en délicatesse avec le fisc, un juge, ou son ancien conjoint, ce qui n'arrange rien.

Il faut dire qu'à la différence de ce qui s'observe dans d'autres milieux, où la connaissance « du terrain » amène souvent à considérer que la presse se focalise un peu trop sur ce qui ne va pas, en ce qui concerne le monde politique, c'est plutôt l'inverse : quand on voit un peu le système de l'intérieur, on se dit que la presse pourrait avoir la dent bien plus dure ! Si nous quittons les meilleurs promoteurs de l'affaire Le Pen père et fille, à savoir ceux qui sont ou ont été au pouvoir, et donnent trop souvent l'impression qu'il est plus important d'y arriver que de bien l'exercer, une autre explication tourne autour de l'idée que les électeurs deviennent de plus en plus intolérants, que les valeurs traditionnelles de la république leur parlent de moins en moins, et qu'il est normal qu'ils se radicalisent. Mais même cela se discute : il fut un temps où le parti qui proposait de supprimer la propriété privée (le Parti communiste) rassemblait 25 % des électeurs, et supprimer la propriété privée est autrement plus restrictif que d'augmenter les contrôles d'identité ou réserver les allocations aux citoyens français !

Pour justifiés que soient ces éléments, il est facile de comprendre qu'ils ne sont pas suffisants. Pour commencer, la montée du Front national n'est pas la même selon les chiffres que l'on regarde. Lors des soirées électorales, ce sont toujours les suffrages exprimés qui règnent en maîtres. À cette aune-là, la progression depuis la fin des années 1980 est effectivement bien visible, avec pour point d'orgue la première place aux dernières européennes, où ce parti est arrivé en tête des suffrages exprimés. Mais, à cette même élection, l'abstention a battu des records, et si l'on ramène les voix non pas aux suffrages exprimés mais aux inscrits sur les listes électorales, le score du FN aux élections européennes de 2014 est inférieur à celui de toutes les présidentielles depuis 1988, sauf celle de 2007.

Il semble difficile de soutenir que si l'abstention aux européennes bat des records, c'est parce que les Français veulent manifester leur soutien au FN, ou prendre leurs distances avec des valeurs autrefois plébiscitées… La hausse du score en pourcentage des suffrages exprimés résulte donc de la conjonction de deux effets : une abstention plus importante des électeurs non FN, et une légère croissance en tendance du nombre d'électeurs du FN en valeur absolue. Les deux peuvent être considérés comme une manifestation de défiance à l'égard des partis traditionnels, mais, dans le premier cas, on ne peut en rien considérer que c'est une adhésion au discours du parti frontiste.

Toutefois, même en partant des inscrits, la tendance du score du FN sur la période est à la hausse. Et, surtout, les sondages montrent que ce parti est de plus en plus considéré comme un possible parti de gouvernement, ce qui signifie que même ceux qui ne franchissent pas le pas du bulletin de vote sont quand même plus nombreux à considérer que d'être un peu radical est peut-être une bonne idée.

Mais si nous devions la progression du FN à la seule incompétence de ses adversaires politiques hexagonaux, ou à d'autres facteurs propres à notre pays, il n'y aurait pas de raison que le même genre de schéma s'observe ailleurs au même moment. Or, ces dernières années, les partis radicaux, contestataires, xénophobes, bref qualifiés d'« extrémistes », sont en progression partout, et on ne peut invoquer leur nouveauté car il s'agit souvent de mouvements qui ont été fondés il y a longtemps déjà (le Front national date quant à lui des années 1970).

Le cas le plus emblématique est celui de la Grèce, qui a vu arriver dans son parlement des néonazis (des vrais) d'Aube dorée, un parti qui existe depuis plus de vingt ans, mais n'était jamais parvenu à faire élire des députés. Ce qui a changé en 2014 n'est pas le discours de ce parti, c'est le contexte. Suite à la crise de 2009, provoquée en Europe comme aux États-Unis par un problème d'approvisionnement en pétrole[1], les fonctionnaires hellènes ont vu leur rémunération baisser de plusieurs dizaines de pour cent, et la part des adultes (de plus de 15 ans) déclarant un emploi est passée de 50 % en 2008 à 39 % en 2013. Sont également de plus en plus « en vogue » les séparatistes anglais, les autonomistes espagnols, les partis d'extrême droite d'Europe de l'Est ou du Nord et ceux d'extrême gauche d'Europe du Sud, sans compter le Tea Party aux États-Unis. C'est normal, répondra l'observateur averti : la crise est partout. Partout la croissance ralentit ou se transforme en récession, et quand un pays y échappe, il voit arriver les demandeurs d'emploi

1. Rappelons que la Grèce était, en 2007, le pays le plus dépendant d'Europe pour le pétrole, qui représentait alors 60 % de toute l'énergie consommée dans ce pays (et 50 % en Italie, 50 % en Espagne, 50 % au Portugal), contre 35 % de moyenne européenne.

ou réfugiés des pays où cela va plus mal, ce qui provoque aussi des déséquilibres. Et partout les responsables politiques en place semblent désemparés et doivent renier leurs promesses électorales.

Ce qui se produit ici et là, en réalité, ce sont les symptômes d'une démocratie qui commence à buter sur le monde fini (à cause du plafonnement énergétique), alors qu'elle a essentiellement vu le jour et prospéré dans le monde en croissance. Le premier grand pays européen à basculer dans la démocratie fut la Grande-Bretagne, à la fin du XVIIe siècle, alors que son économie venait de connaître pendant deux siècles un taux de croissance qui, pour faible qu'il fût au regard des prétentions de tout chef d'état actuel (0,6 % par an !), n'en était pas moins le double de ce qu'a connu l'Europe continentale sur la même période.

La généralisation à toute l'Europe de ce régime politique, qui laisse à la population une large voix au chapitre pour dire par qui elle veut être gouvernée, et donc provoque mécaniquement l'apparition de candidats surenchérissant de promesses de monde meilleur, coïncide un peu partout avec le développement de la machine à vapeur, et donc avec l'essor du PIB par personne, à la fin du XVIIIe siècle et au début du XIXe. Les États-Unis, eux, n'ont jamais eu à passer par la case « monde fini », qui a été le lot de l'Europe entre l'ère romaine et la Renaissance, avec un PIB quasi stable sur plus de mille ans. Les ressources de ce pays, dont le slogan est « *No limit* », lui ont assuré une « expansion perpétuelle » dès l'arrivée des premiers colons jusqu'à nos jours.

Incidemment, c'est le charbon et le pétrole disponibles sur son sol qui ont permis l'essor américain au cours du XXe siècle, avec un « trou d'air » entre 1929 et 1933 et un bond entre 1933 et 1944 (160 % de hausse en onze ans sur ce même indicateur). C'est aussi grâce au pétrole, dont ils étaient de loin le premier producteur mondial en 1939 avec 60 % du total mondial, qu'ils ont permis aux alliés de gagner la guerre contre des pays qui n'y avaient pas accès (l'Allemagne n'avait que du pétrole synthétique issu de son charbon, et le Japon n'avait qu'un approvisionnement modeste en provenance de l'Indonésie)[1].

Mais l'énergie abondante ne permet pas seulement de gagner la guerre. Comme elle a permis d'augmenter la production de tout et n'importe quoi, elle a permis d'augmenter la redistribution, et la démocratie correspond de fait au système qui permet aux plus nombreux d'exiger la plus grosse part du gâteau, puisqu'ils prennent le pouvoir. Il est donc normal que la pression pour « plus de démocratie » soit maximale quand la production est en croissance. En revanche, tant que nous sommes dans un monde dans lequel il n'y a pas plus à espérer demain qu'aujourd'hui, il est plus facile de se contenter de l'ordre établi.

À l'inverse, il est des libertés « démocratiques » qui ne peuvent physiquement plus s'exercer dans le monde fini. Dans un monde en expansion, par exemple, votre liberté d'avoir un logement plus grand, voire un logement tout court, ne gêne pas l'exercice de la même liberté par votre voisin. Dans un monde stable ou en contraction, où, par exemple, la surface bâtie serait constante, ce n'est plus la même chanson. Comment décider « démocratiquement » que la surface de logement par personne doit rester stable, ou, pire, être réduite si la population augmente ? Comment le gérer, quand, au surplus, la liberté de se séparer après avoir fait des enfants – autrement dit le divorce, ou ce qui y ressemble – fait mécaniquement augmenter la surface de logement par personne ?

Si la production de voitures, de tables, de chaises, de logements et de chemises baisse ou reste stable avec une population en croissance, comment décider « démocratiquement » de la gestion de cette restriction ? L'histoire nous indique que ce n'est pas facile : certes il y avait encore des tickets de rationnement en France après la Seconde Guerre mondiale (et les quantités pouvaient même être encore plus basses que pendant la guerre), mais le système avait été instauré à un moment où la démocratie n'était plus vraiment

1. Voir M. Auzanneau, *Or noir*, *op. cit.*

de mise. Du reste, seuls la Grande-Bretagne et les États-Unis ont traversé ce conflit en restant des démocraties, aucun autre pays en guerre n'ayant conjugué cette période de restriction avec ce régime politique.

Il est facile de voir que, dès qu'une assemblée élue est appelée à se prononcer, elle sait bien mieux s'accorder sur la manière de donner plus que sur la manière de donner moins. Dans le second cas, les débats sont longs, souvent pleins de malentendus, et tout le monde se voile la face sur la réalité de l'obstacle à franchir. Tocqueville ne s'y était du reste pas trompé, qui considérait que la démocratie allait avec la consommation de masse et « la place centrale donnée aux affaires économiques ». Il est facile d'en déduire que la démocratie va avec le développement des entreprises de toute sorte, ce qui suppose une aptitude croissante à prélever et transformer des ressources naturelles… qui sont hélas limitées.

Il semblerait donc que la démocratie soit plus facile à stabiliser quand la contrainte matérielle n'empêche pas l'expansion. Du reste, les démocraties antiques de Rome et d'Athènes obéissaient aussi à cette règle : on l'oublie trop souvent, mais les citoyens libres n'étaient qu'une poignée, servis par une armée d'esclaves et de paysans qui assuraient à l'époque la même fonction que les machines aujourd'hui.

Comme cela a déjà été évoqué plus haut, il est à craindre que le monde fini soit un défi redoutable pour la démocratie. Et cela va nous permettre de revenir au thème de ce chapitre, à travers une caractéristique du vote FN en France qui est particulièrement intéressante quoique peu connue : depuis 2000, à chaque élection, ce vote est maximal dans les couronnes périurbaines qui se situent de 30 à 50 kilomètres du centre d'une grande ville. Il est le plus faible près du centre des grandes villes, ou à plus de 100 kilomètres du même centre. Et cette caractéristique est totalement indépendante de la présence d'immigrés !

Ce mystère cesse d'en être un si l'on revient aux fondamentaux, c'est-à-dire à l'énergie. Comme cela a été évoqué dans les chapitres précédents, l'énergie croissante a permis l'apparition de villes de plus en plus grandes, où l'essentiel des actifs occupent un emploi tertiaire relié au bassin économique de la ville. Pour des raisons physiques (notamment de distances plus courtes), les échanges, qui sont la raison d'être des villes, sont plus efficaces quand on va vers le centre, car on peut augmenter la densité d'interactions par unité de surface. La conséquence économique est que le PIB par hectare augmente quand on approche du centre, et le prix de l'immobilier avec. Cela conduit à ce que les ménages des zones urbaines suivent, en première approximation, une loi qui est que moins ils gagnent d'argent, et plus ils habitent loin du centre.

Or, dans le système économique actuel, la quantité d'argent que l'on gagne est aussi une fonction de la qualification. Plus on est qualifié, plus les revenus sont, en moyenne, élevés. Du coup, on va aussi observer une plus faible qualification moyenne des actifs quand on s'éloigne du centre d'une grande ville. Mais, toujours pour des questions évidentes de densité, plus les actifs habitent loin du centre et plus la distance qui les sépare de leur emploi est grande. Nous allons donc trouver en « grande couronne » des actifs qui ont des revenus plus faibles que la moyenne, qui sont moins qualifiés, mais qui ont des frais de transport obligatoire – et des temps de trajet pour aller à leur travail – plus élevés que la moyenne.

Admettons maintenant que l'énergie devienne contrainte en volume, à commencer par le pétrole. Dans ce cas, il va se passer deux choses. D'une part, à cause de la dépendance du PIB à l'énergie en volume, l'« économie » se porte moins bien. Cela va conduire à une hausse des chômeurs, et les premiers à connaître ce sort sont en général les moins qualifiés, parce qu'ils apportent moins de valeur ajoutée, et donc sont les « moins indispensables » quand une entreprise fait de moins bonnes affaires. Mais si c'est la contraction du volume de pétrole qui est en cause, cela va aussi gêner l'offre de transport. Cela peut se manifester par une forte hausse du prix du carburant, mais pas nécessairement, puisqu'il n'y a pas de lien historique entre prix et volume pour ce précieux liquide, comme nous l'avons vu plus haut. En revanche, la conservation des volumes est implacable : si moins de pétrole entre dans le pays, cela permet, toutes choses égales par ailleurs, à moins de véhicules de fonctionner, la question du mécanisme économique qui correspond à cette baisse globale pouvant être laissée de côté dans un premier temps.

Les ménages habitant loin du centre mais dépendant de l'agglomération pour leur travail ont donc droit à deux ennuis pour le prix d'un quand le pays est sous stress d'approvisionnement pétrolier : moins de travail, et plus de problèmes pour se déplacer. Leur sentiment de détresse sera donc supérieur, et le vote FN aussi. Notons que cette explication est parfaitement cohérente avec une autre caractéristique du Front national, qui est d'avoir un taux de pénétration maximal chez les électeurs dits modestes : ce sont précisément ceux qui habitent loin du centre ! Les urbains logeant plus près du centre sont moins concernés par les deux problèmes : d'une part ils sont plus qualifiés, donc plus « résistants » à la crise, et d'autre part ils ont des distances moins longues à parcourir, au surplus avec une offre de transports en commun plus étoffée qui leur permet de se passer totalement ou partiellement de voiture, et donc de faire des économies.

Rappelons que le coût complet au kilomètre d'une voiture – payé en totalité par son propriétaire – est de l'ordre de 30 centimes (et le carburant ne compte que pour 6 à 7 centimes), quand le coût payé par kilomètre pour un usager des transports en commun est plutôt du tiers de cette valeur (mais souvent un peu supérieur au seul coût du carburant en voiture, raison pour laquelle nos concitoyens disent que « c'est cher de prendre les transports en commun »).

Pour les ruraux, le problème se pose aussi de manière un peu différente : l'emploi tertiaire est moins élevé, la dépendance à un grand centre urbain pour le travail plus faible, la possibilité de disposer de ressources de manière non marchande plus importante, et l'impact d'un défaut de pétrole ne produit pas une pression aussi forte qu'en « banlieue éloignée ». Par ailleurs, et c'est un point important pour le Front national, les statistiques montrent que, dans un département donné, la criminalité est d'autant plus élevée que la part de la population habitant dans un grand centre urbain est élevée (un effet « stress de la cage à lapins » ?). Les territoires ruraux sont donc moins frappés par la délinquance, et ceci a aussi un rapport avec cela.

Même derrière le vote Le Pen, on va donc trouver un baril de pétrole, ou plutôt son absence non souhaitée. Cela ne signifie pas que les populistes proposent une vision « physique » du monde qui soit meilleure que celle de leurs adversaires. La France ne maîtrisant pas la production pétrolière mondiale (il nous faudrait pour cela quelques chars et avions en plus !), Marine Le Pen ne peut rien faire de mieux que ses adversaires politiques en ce qui concerne ce déterminant essentiel de l'état de l'économie.

De ce fait, cette dirigeante politique n'a pas davantage la capacité de faire revenir la croissance que ceux qu'elle vilipende. La question est alors de savoir si les mesures qu'elle propose – quand elle en propose – seraient plus efficaces pour faire le bonheur de la population dans un monde sans croissance (et même en décroissance). Il n'est pas sûr que ce soit comme cela que le Front National pose le problème ! Il n'empêche que, tant que les élus dits républicains ne feront pas l'effort de comprendre que la condition première de réalisation de leurs promesses est une augmentation de l'approvisionnement énergétique, et que cette dernière est déjà devenue impossible en France et en Europe depuis les années 2000, ils seront poussés à continuer à faire des promesses irréalistes, et feront ainsi le jeu des extrêmes.

La solution à ce problème est à la fois simple sur le papier, et terriblement irréaliste pour qui fréquente la classe politique d'un peu près : il faut « seulement » qu'elle se mette à travailler pour comprendre le lien entre la physique et l'économie, en s'entourant de techniciens aptes à raisonner et à l'aider dans ce cadre, qu'elle dise aux électeurs quelle est la situation physique réelle du pays, ce que cela permet et ne permet plus et, dans tous les cas de figure, qu'elle soit un peu plus sérieuse qu'aujourd'hui. Il faut aussi qu'elle mette la décarbonation de l'économie au cœur de ses programmes, ce qui signifie basculer progressivement de l'état actuel, fortement dépendant des hydrocarbures (même en France, les combustibles fossiles représentent 70 % de la consommation d'énergie finale) vers une économie affranchie de ce qui a pourtant permis l'apparition du monde que nous connaissons.

Si nous ne le faisons pas, cela veut dire que nous choisissons de laisser notre économie dépendre d'un approvisionnement fossile qui va continuer à décliner, et cela va déboucher sur une récession structurelle, ponctuée à intervalles réguliers d'éclatements de bulles de dette créées à l'époque où nous avons cru pouvoir compenser par du crédit des approvisionnements en ressources naturelles qui commençaient à se faire moins prolixes. Certes, même en mettant bout à bout le nucléaire et toutes les énergies renouvelables, nous ne reviendrons jamais au niveau de consommation effrénée que pétrole, gaz et charbon ont permis. Mais, après un temps de diminution de la consommation, nous pouvons espérer stabiliser la situation à un niveau d'activité qui nous permette de rester largement maîtres de notre destin. Et la seule manière d'échapper à l'extrémisme est bien d'avoir le sentiment que l'on reste maître de son destin… Techniquement, plus on fera la part belle à l'efficacité énergétique côté consommation, et au nucléaire et à certains ENR côté production, plus l'état stable pourra se situer à un niveau de consommation élevé.

Il s'agit donc de passer d'un état de contraction subie à un état de stabilité gérée. Certes, tout changer est un plan à cinquante ou cent ans, mais n'est-ce pas de cela dont nous avons besoin aujourd'hui ? Un plan réaliste, mais comportant des défis enthousiasmants dont les composantes s'articulent de manière compréhensible les unes avec les autres, et qui arrête de prendre l'électeur pour un benêt en lui promettant monts et merveilles qui n'existent que dans l'imagination de ces habitués des plateaux de télévision ! De nombreux sondages montrent désormais que nos concitoyens ont bien compris que le temps de la corne d'abondance était révolu, et qu'il allait falloir trouver des raisons de se lever heureux le matin sans cela. Profitons-en !

Mais avant que la classe politique – et la classe médiatique qui lui donne la réplique – ne comprenne qu'à cause des combustibles fossiles il faut arrêter les promesses de toujours plus, il risque hélas de couler encore un peu d'eau sous les ponts...

CHAPITRE 11

Vous en reprendrez bien une louche ?

Le miracle de la croissance verte

Depuis que le problème climatique a commencé à monter en puissance dans la presse, tout gouvernement européen qui se respecte est désormais favorable à une action résolue en faveur de la baisse des émissions. Mais depuis les années 1970, tout gouvernement qui se respecte est aussi pour que revienne une croissance économique « forte », qui permettra enfin d'inverser cette fichue courbe du chômage qui n'arrive pas à perdre l'embonpoint qu'elle a pris au moment des chocs pétroliers (le taux de chômage était inférieur à 3 % au début des années 1970).

Petit point de détail : plus de PIB suppose plus de transformation ; plus de transformation suppose plus d'énergie, et l'énergie aujourd'hui c'est surtout du fossile, donc du CO_2, en particulier dans les transports qui sont indispensables aux échanges. Voici donc un gouvernement qui veut d'un côté baisser les émissions, et de l'autre les augmenter. Et le précédent voulait la même chose, et celui d'avant aussi, et en fait depuis le sommet de la Terre à Rio en 1992, ils veulent tous cette impossible conjonction. Comment faire ? Vous et moi aurions peut-être quelques sueurs froides à l'idée de proposer une synthèse entre tout et son contraire. Mais c'est mal connaître le monde politique, que ce genre de détail n'arrête pas. Il a trouvé la parade : la croissance verte.

Cette possible coloration de la croissance en vert part de l'idée qu'il y avait une croissance tirant plutôt sur le gris sale (sûrement pas rose ou dorée), qui certes a fourni un frigo et 40 mètres carrés de logement en béton à chaque Occidental, mais en même temps est synonyme de poissons flottant le ventre en l'air, de terre souillée ou vidée de ses occupants, d'air impur et de tigres de Sibérie qui s'apprêtent à ne plus exister que dans les livres d'images. Ce serait quand même sympathique d'avoir une croissance qui permettra toujours d'avoir un frigo de plus en plus gros pour de moins en moins cher, un logement de plus en plus grand pour de plus en plus de monde, et tout le reste à profusion pour de plus en plus de monde aussi, mais sans créer la moindre perturbation dommageable à cette bonne vieille planète.

La dernière manifestation en date de ce terme en France lui a permis de se retrouver accolé à la transition énergétique dans le titre d'une loi récente de notre parlement. Mais ce n'est évidemment pas notre ministre de l'Environnement qui a créé la formule : la *croissance verte*, variante à coloration un peu plus économique du développement durable, trouve ses racines dans le contexte de la fin des années 1960. C'est l'époque où la croissance est si forte (5 % par an en moyenne) que les changements se produisent à vue d'œil, et que de plus en plus nombreux sont ceux qui se demandent combien de temps cela va durer.

C'est l'époque de l'apparition de l'écologie politique (le premier candidat écologiste aux présidentielles en France a été René Dumont en 1974), du premier sommet de la Terre à Stockholm en 1972, de la création en 1971 de l'émission *La France défigurée* en réponse au béton qui coule partout, de la naissance des organisations internationales positionnées sur l'environnement (Greenpeace en 1971, WWF dès 1961, Les Amis de la Terre en 1969), et sur le plan scientifique c'est l'époque de la publication (1972) par le Club de

Rome d'un travail qui connaîtra un retentissement planétaire, *The Limits to Growth*, qui affirme froidement que la croissance économique perpétuelle ne passera pas le XXIe siècle, et, pire encore, que plus on cherchera à l'accélérer à partir des années 1970, et plus violente sera la contraction involontaire de l'humanité et de son activité quand les ressources naturelles – énergie, minerais, sols, forêts, biodiversité, océan, climat… – commenceront à faire défaut.

En réponse à tous ces affreux jojos qui expliquaient que la croissance n'était pas verte, et que l'on perdait – éventuellement définitivement – d'une main ce que l'on gagnait temporairement de l'autre, il fallait bien créer une école de pensée pour leur tenir tête. Ce sera celle du « développement durable », et de toutes les appellations qui ont suivi. Le développement durable – ou plus exactement « soutenable » si l'on prend la traduction exacte du terme anglais – est un développement « qui satisfait les besoins de la génération actuelle sans compromettre ceux des générations futures ». Même si l'oxymore semble moins violent qu'avec l'expression « croissance verte », il s'agit pourtant d'un cahier des charges impossible à tenir.

Tout d'abord, personne ne sait définir le « besoin » de manière univoque, et pas davantage le niveau de consommation qui y correspond. Avons nous « satisfait nos besoins » depuis que notre espérance de vie a dépassé 40 ans ? Ou faudra-t-il attendre que chacun d'entre nous vive 120 ans pour nous satisfaire ? Avons-nous « satisfait nos besoins » à partir de 10 mètres carrés de logement non chauffé par personne, ou cela sera-t-il le cas uniquement quand tout Terrien disposera de 150 mètres carrés chauffés et refroidis, d'une piscine et d'un jacuzzi, sans vis-à-vis et avec un robot dans chaque pièce ?

Avons-nous « besoin » de zéro, une ou deux voiture(s) par ménage ? Avons-nous « besoin » de prendre l'avion une fois ou cinquante au cours de notre existence ? Avons-nous « besoin » de manger 20 ou 100 kilos de viande par an ? À part les besoins vitaux (boire, manger, dormir, se protéger du froid et des prédateurs, perpétuer l'espèce), l'expérience montre que pour le reste le niveau des

« besoins » correspond à ce dont dispose la personne qui répond, en y ajoutant quelques petites choses qui lui font envie. Comme le dit volontiers d'un air goguenard mon associé et coauteur Alain Grandjean, le minimum vital se définit pour tout le monde par « ce que je gagne plus 10 % ». Allez définir des quantités précises avec cela ! Par ailleurs, nous avons tous à la fois des « besoins » individuels et des « besoins » collectifs. Or le besoin collectif – par exemple préserver l'environnement – est souvent, *in fine*, antagoniste avec le « besoin » individuel – par exemple celui de prendre sa voiture ou s'acheter un objet issu de l'industrie. Comment arbitrer ?

Et nous ne sommes pas beaucoup plus avancés quand il faut donner un sens à l'expression « besoins des générations futures ». Parle-t-on des gens qui vivront la semaine prochaine ou dans mille ans ? Et comment savoir quels seront les besoins de ces gens-là ? Si l'on avait demandé aux Français de 1600, qui étaient, pour l'immense majorité, des paysans vivant dans une chaumière à une ou deux pièces, ne se reposant qu'un jour par semaine au mieux, n'ayant jamais de vacances, mourant deux à trois fois plus jeunes qu'aujourd'hui, ayant souvent faim et froid tout l'hiver, à partir de quand leurs « besoins » étaient satisfaits, je doute que nous aurions obtenu la même réponse que ce qu'un Français « moyen » proposerait aujourd'hui.

Fin du premier épisode de la série : le développement durable – ou soutenable – est un concept que l'on comprend bien, mais qui n'a pas réussi à faire mieux que de créer chez beaucoup de monde l'idée que ce serait sympa de faire autrement, mais que pour l'heure on va quand même continuer à faire essentiellement comme on faisait avant.

Arrive l'épisode deux : la croissance verte. Alors que l'économie patine un peu plus qu'à la fin des années 1960, on met un peu moins l'accent sur l'environnement et un peu plus sur l'économie. La formulation exacte « croissance verte » (*green growth* en anglais) semble être apparue de manière formelle lors de la cinquième conférence ministérielle sur l'environnement des pays de la zone Asie-Pacifique, tenue à Séoul en 2005, conférence qui a conduit à une déclaration intitulée « Initiative de Séoul sur la croissance verte ».

L'ensemble des pays occidentaux s'y est mis de manière « officielle » en juin 2009, au plus fort de la crise financière, quand l'OCDE s'est vu confier le mandat d'élaborer une « stratégie pour la croissance verte », à la suite d'une déclaration conjointe de 34 pays qui stipulait qu'ils allaient « augmenter leurs efforts pour mettre en œuvre des stratégies de croissance verte qui étaient partie intégrante de leur réponse à la crise, et devaient préparer l'avenir ». La même déclaration indiquait que lesdits pays « reconnaissaient que l'environnement et la croissance pouvaient marcher main dans la main ». Le lecteur attentif notera que les termes sont soigneusement choisis : ce n'est pas l'économie qui est compatible avec l'environnement, mais bien la croissance du PIB. La schizophrénie est donc gravée dans le marbre : il ne s'agit pas d'avoir des activités productives qui tiennent dans la boîte (la boîte étant notre planète), mais bien la croissance perpétuelle de ces activités.

Depuis 2011, il existe ainsi une stratégie pour la croissance verte élaborée par l'OCDE. Mais cette institution est loin d'être la seule à promouvoir ce concept. La Banque mondiale possède aussi une position sur la question, qui explique que la croissance verte est « nécessaire, efficace et à notre portée », et que les obstacles pour l'atteindre sont « une inertie politique et comportementale et un manque d'instruments financiers ». De fait, les élus sont bien trop souvent mous du genou quand il s'agit des défis pour rendre notre économie « durable », et les ressorts actuels de la finance mondiale la poussent à un comportement de prédation et pas du tout de préservation, mais il manque peut-être la physique dans l'énoncé du problème, car elle pourrait éventuellement s'opposer à la croissance perpétuelle des flux !

Avant d'aller plus loin, il faut souligner un point essentiel pour ces institutions consacrées au « développement » (Banque mondiale, banques de développement de l'Asie, de l'Afrique, de la France, etc.). La façon directe de comprendre « développement » est très simple : c'est la hausse du PIB par personne. La Banque mondiale explique ainsi que son rôle est de « sortir les pays de la pauvreté », et cette expression est une variante de la précédente, puisqu'il s'agit à nouveau de faire croître le PIB par personne. La base intangible, c'est donc la croissance du PIB. Si elle pouvait verdir un peu, ce serait bien, mais si les deux ne sont pas compatibles, alors c'est toujours le PIB – donc la croissance des flux, donc l'énergie, donc toutes les perturbations physiques associées – qui gagne dans les stratégies opérationnelles. Brice Lalonde, un de nos meilleurs historiens de la préoccupation environnementale dans les instances internationales (il était le ministre de l'Environnement en poste au moment de la préparation du sommet de la Terre en 1992, sommet qui a vu la naissance de la Convention climat), résume ainsi plus de vingt ans de négociations internationales sur le climat : les pays occidentaux viennent en pensant que l'on va parler environnement, les pays en développement en pensant que l'on va parler développement, et c'est toujours le développement qui gagne. Vingt ans de malentendus, donc…

Cette incapacité à faire primer l'environnement – donc la limite choisie – sur la croissance est toujours là avec la croissance verte. Dans les signataires de la déclaration de 2005 à Séoul, il y avait la Chine. Depuis lors, le PIB chinois a plus que doublé, et donc la partie « croissance » a indiscutablement eu lieu. Mais, pour la partie « verte », c'est moins sûr : les émissions de CO_2 du pays ont crû de 60 %, l'emblématique dauphin d'eau douce du Yang-tsé a été déclaré éteint en 2007, les populations d'abeilles sont en déclin comme chez nous (et comme chez nous cela est concomittant de l'usage immodéré des insecticides), et ce ne sont là que quelques illustrations d'une pression environnementale qui a fortement augmenté. Tant que la croissance du PIB passe (et donc tant que l'environnement est capable de s'en accommoder, tant en ce qui concerne la fourniture de ressources que l'épuration de nos déchets), c'est quand même la priorité dans les faits.

Il n'empêche : une fois que le concept de croissance verte est lancé, et comme ce serait quand même très séduisant d'avoir les avantages sans les inconvénients, il prospère. Il existe ainsi un Institut global de la croissance verte, lancé à Rio+20 en 2012, et au moment où ces lignes sont écrites un moteur de recherche indique que l'on peut trouver plus de 700 000 pages Web qui contiennent l'expression « *green growth* ».

Mais les faits sont les faits, et ils sont têtus : non seulement la croissance actuelle n'est pas plus verte que celle qui a précédé, mais par certains aspects elle l'est encore moins, notamment sur la consommation d'énergie, comme nous allons le voir maintenant.

Que le progrès soit avec toi

Le progrès nous amène à faire mieux, c'est évident. En matière d'énergie, mieux se dit souvent plus efficace. Nous parvenons à faire une lampe qui consomme moins pour éclairer autant, une voiture qui consomme moins pour nous emmener à la même vitesse tout en transportant autant de personnes et de bagages, ou une machine industrielle qui fabrique le même stylo en gaspillant moins de matière. Si cette efficacité concerne l'ensemble du système économique, cela amène à fournir la même production (de biens et de services) en diminuant la quantité d'énergie utilisée. Dès lors, ce que l'on appelle l'efficacité énergétique de l'économie s'améliore. En pratique, la quantité d'énergie primaire qu'il faut utiliser pour créer un euro de PIB baisse.

Si nous partons de l'idée que le progrès rend les processus et les gens plus efficaces, et que le progrès augmente avec le temps, alors nous devrions observer dans tous les pays où les statistiques existent que l'efficacité énergétique de l'économie s'améliore avec le temps. Pas de chance : c'est loin d'être une loi du genre. En France, nous sommes assurément du bon côté de la barrière : avec un même kilowattheure d'énergie primaire, nous créons 60 % de valeur ajoutée en plus en 2014 qu'en 1965. On peut faire mieux. Si la conscience écolo est forte, cela aide : la Suède affiche 80 % d'amélioration, comme l'Autriche, et le Danemark a plus que doublé ce ratio avec 110 % de hausse. Si on a dû remettre en état une industrie vétuste, comme l'Allemagne l'a fait après la réunification, cela aide encore plus : l'efficacité énergétique de l'économie y a gagné 140 % en quarante ans. Mais la martingale reste d'avoir financiarisé à tout va, puisqu'en Grande-Bretagne c'est 240 % de gain qui ont été obtenus depuis 1965 !

C'est logique : quand la valeur de 1 mètre carré immobilier ou d'une action double, cela n'a pas demandé 1 kilowattheure de plus dans les flux physiques, mais fait en revanche augmenter le PIB ; cela augmente les emprunts (et la production de crédits entre dans le PIB), les droits de mutation (et cela est compté dans le PIB), les commissions d'agences (et cela est compté dans le PIB), etc. Avoir une économie dont la croissance repose pour une large part sur des valorisations sans cesse croissantes d'actifs est donc le summum de la dématérialisation. Est-ce de cela dont rêvent les ingénieurs qui croient vraiment à la croissance verte ? Les États-Unis, certes très financiarisés, mais quand même à base plus industrielle que la Grande-Bretagne, se trouvent à un niveau intermédiaire, avec 130 % de gain.

Mais beaucoup de pays ont vu, sur les cinquante dernières années, l'évolution aller dans l'autre sens, parfois de manière massive. C'est le cas du Mexique, qui, en 2014, produit 30 % de valeur ajoutée en moins par unité d'énergie utilisée qu'en 1965. C'est aussi le cas de la Turquie (– 40 %), de la Grèce (– 20 %), du Portugal (– 30 %), de l'Espagne (– 10 %), de l'Arabie saoudite (– 25 %), des Émirats arabes unis (– 90 % depuis 1975 ! ce pays a donc besoin de 10 fois plus d'énergie pour faire 1 dollar de PIB aujourd'hui qu'il y a quarante ans), de l'Algérie (– 75 % !), de l'Égypte (– 10 %), de l'Afrique du Sud (– 10 %), du Brésil (– 10 %), de l'Équateur (– 40 %), du Venezuela (– 40 %), du Bangladesh (– 70 % depuis 1972), de l'Indonésie (– 35 % depuis 1967), de la Malaisie (– 47 %), des Philippines

(– 10 %), de la Corée du Sud (– 20 %), de la Thaïlande (– 65 %), et encore du Vietnam (– 40 % depuis 1985). À l'exception notable de la Chine (130 % de gain) et de l'Inde (10 % de gain), on notera que les pays dits « émergents », qui ont capté une large partie de la croissance de la production industrielle mondiale, sont très bien représentés dans cet ensemble…

À cause de cela, la zone hors OCDE a aujourd'hui une économie qui, à 5 % près, est ni plus ni moins efficace qu'en 1965. Cinquante ans sans « progrès » de ce point de vue ! Et, certes, sur une période plus courte, l'efficacité énergétique de l'économie mondiale est aussi rigoureusement la même aujourd'hui qu'en 2000. Entre autres choses, cela signifie que l'apparition de l'appel à la croissance verte, au début des années 2000, est dans les faits allée de pair avec un arrêt du maigre verdissement qui avait lieu avant, à savoir une consommation d'énergie qui croissait un peu moins vite que le PIB. Depuis 2000, non seulement nous n'avons pas réussi à avoir une évolution du PIB qui aille dans un sens pendant que l'énergie commençait à aller dans l'autre sens, mais le petit gain d'efficacité annuelle a arrêté de se produire. Beau résultat !

Et comme l'énergie c'est les flux physiques, et donc la cause des perturbations de toute nature, les problèmes ont plutôt eu tendance à s'accélérer. Depuis l'apparition de la croissance verte dans les discours, le charbon a continué à croître, les trafics de véhicules de toute nature aussi, l'artificialisation des terres aussi, la biodiversité a continué à diminuer à vitesse accélérée, les poissons se font de plus en plus rares dans la mer (le maximum des captures en mer date du milieu des années 1990), les effets du réchauffement climatique sont de plus en plus souvent discernables, la forêt mondiale continue de se faire grignoter, bref c'est juste la manière de dire que demain tout sera sous contrôle qui a changé, alors même que la situation semble nous échapper un peu plus.

Internet nous sauvera !

Oui, mais. Ce qui précède ignore que nous avons mis en marche une révolution sans précédent : la révolution numérique. Avant, nous étions dans le siècle de l'industrie, sale et polluante, les ouvriers ressortaient la gueule noire des usines et les trains crachaient une épaisse fumée noire et envoyaient des escarbilles dans l'œil des passagers qui se risquaient à passer une tête par la fenêtre. Maintenant, l'employé(e) ressort du bureau avec le pli du pantalon ou la coiffure impeccables, peut aller travailler – en train qui n'envoie pas d'escarbilles – en chaussures à talons ou en cravate, et surtout il ou elle fait un travail qui ne suppose plus de manipuler de grandes quantités de matière. L'essentiel de la population active n'a désormais plus à toucher à autre chose qu'un téléphone, des chaises et un bureau, un clavier d'ordinateur, et éventuellement quelques accessoires dont aucun ne réclame des biceps d'acier.

Nous avons donc basculé dans la société de la connaissance, où les emplois de demain supposent à peu près tous d'être derrière un ordinateur, ce qui va dématérialiser l'économie pour de vrai, il faut juste être un peu patient. Aux oubliettes de l'histoire, le reste ! À nouveau, quelques simples observations vont se charger de refroidir un peu l'optimisme des tenants de cette (hypo)thèse. D'abord, derrière un ordinateur ou pas, il faut bien manger. Comme il n'y a plus d'agriculteurs dans les pays occidentaux, ce sont des machines qui s'en chargent. Le fait de mettre un ordinateur dans le bureau de chaque urbain ne change rien à la production de nourriture.

Ensuite, il faut transformer cette production agricole et la transporter jusqu'aux consommateurs. À nouveau, le fait de regarder YouTube chez nous ou de tripatouiller un tableur au bureau ne change rien de ce côté-là. Puis nous continuons à acheter des vêtements – qu'il faut produire –, à vouloir un logement – toujours plus spacieux et confortable – qu'il faut construire et entretenir, à souhaiter nous déplacer, à acheter de l'électroménager – laver des vêtements ou réfrigérer le beurre –, et plus généralement nous continuons à vouloir tout ce que nous avions avant, avec *en plus* un ordinateur qui remplace des biens matériels en quantité marginale (quelques livres, quelques disques...).

Pour voir ce que l'avènement du numérique a vraiment changé jusqu'à maintenant sur le terrain de l'énergie, regardons à nouveau quelques chiffres. Internet commence à se démocratiser à la fin des années 1990. Le téléphone portable, lui, a entamé sa diffusion significative un peu plus tôt. Et l'e-commerce, qui nous évite de prendre notre voiture, est possible depuis... le Minitel, à la fin des années 1980 (on pouvait déjà commander en ligne et se faire livrer !). Tout cela n'a pas empêché que la société soit l'objet de flux physiques croissants : les tonnes par kilomètre transportées en camion ont continué à croître jusqu'en 2007, les mètres carrés construits aussi, les voitures fabriquées aussi, et même le nombre de feuilles de papier imprimées dans les entreprises !

Ce qui a inversé l'évolution en 2007 dans l'OCDE n'est pas du tout Internet, mais le pétrole. C'est la baisse forcée de la consommation énergétique qui, en contraignant les flux physiques globaux a, pour le coup, commencé à créer un véritable effet de substitution quand il était possible, et cette substitution a pu constituer une simple version high-tech d'une pratique qui avait disparu mais qui revient en force. C'est faute de pouvoir acheter une voiture que de plus en plus de jeunes covoiturent (et ne passent pas le permis)... grâce à Internet pour le coup. Mais, dans les années 1970, les mêmes jeunes qui ne pouvaient pas se payer une voiture avaient aussi recours au covoiturage en masse : à l'époque, on appelait cela faire du stop. Le pouce levé remplaçait l'ordinateur, la pancarte « Lyon » arborée à l'entrée de l'autoroute du Sud remplaçait le smartphone, et ce covoiturage était bien plus fréquent que durant les années 2000, que ce soit pour revenir du lycée ou pour faire le tour de la Corse pendant ses vacances. Et puis l'énergie croissante a amené plus de pouvoir d'achat, plus de voitures, plus de bus, plus de trains, tout ça pour moins cher, et le stop a disparu. Ce que nous vivons actuellement n'est que le retour en version high-tech d'une pratique qui a existé bien avant que les électrons ne parcourent les câbles en cuivre pour relier des fauteuils de voiture inoccupés et des fesses qui ambitionnent de s'y poser.

Sans se lancer dans un fastidieux passage en revue des applications des nouvelles technologies, allons tout de suite au résultat global. Si Internet avait dû provoquer une dématérialisation de l'économie, grâce à toutes les mutualisations qu'il permet, cela se serait notamment vu dans la baisse de la quantité d'énergie utilisée pour produire 1 dollar de PIB en moyenne mondiale. Mais, comme cela a déjà été indiqué, pas de chance, c'est au moment où Internet – et tout ce qui va avec – prend son essor (le début du troisième millénaire) que l'efficacité énergétique de l'économie planétaire cesse de s'améliorer. Comme dématérialisation, on fait mieux !

Qu'à cela ne tienne, on peut regarder un deuxième indicateur : le « contenu en gaz à effet de serre » de 1 dollar de PIB. En effet, peut-être Internet permet-il de mieux gérer le développement de ces énergies renouvelables, qui demandent de piloter en parallèle des milliers d'éoliennes et de panneaux solaires qui produisent tous dans leur coin ? Du coup, il faut toujours autant d'énergie par dollar de PIB dans le monde, mais cette énergie est moins sale. Las, depuis 2000, on observe sur les émissions par dollar le même coup de frein que sur l'énergie par dollar : cet indicateur a exactement la même valeur en 2014 qu'en 2000. Si Internet, et plus largement la « société de l'information », a eu un effet, il n'a pas été de produire une amélioration discernable sur le plan des « modes de production et de consommation »…

Par ailleurs, et sans que ce soit l'explication principale de ce qui a été observé, le déploiement et l'usage des moyens de communication demandent une consommation de matière et d'énergie qui n'est pas complètement anecdotique. Il faut creuser des mines pour extraire les métaux qui serviront à fabriquer les câbles, antennes, fibres, ordinateurs et téléphones, serveurs, box, imprimantes, télévisions, et plus généralement tout ce qui servira à construire ou maintenir la gigantesque toile d'araignée et tous les petits terminaux qui sont pris dedans. Il faut ensuite produire de l'électricité, à la fois pour alimenter tout cela, mais aussi – et parfois surtout – pour alimenter les usines qui produisent les composantes du système. Cette électricité, elle est avant tout au charbon. Il faut du pétrole pour les engins de travaux publics qui creuseront les tranchées où passeront les câbles, feront les trous des supports d'antenne (en béton), et pour alimenter les transports entre tous les maillons de la chaîne de production des équipements.

Bref, ce n'est que dans le bureau où nous nous servons de l'ordinateur, ou dans notre canapé en face de la télévision, que nous ne voyons pas toute l'énergie qui se cache derrière ce gigantesque système mondial de télécommunications multimédia. Mais ce n'est pas pour autant qu'elle n'existe pas ! En France, la consommation d'électricité dite « spécifique », c'est-à-dire celle qui alimente les multiples esclaves énergétiques que nous avons à domicile ou au travail (tout sauf le chauffage et l'eau chaude) est, et de très loin, celle qui a le plus augmenté sur les quarante dernières années.

Elle est passée de 40 milliards de kilowattheures par an à environ 200, soit une multiplication par 5, et désormais les usages « de la société de la connaissance » (télévision et ordinateur) représentent 30 % de la consommation spécifique des ménages. Le cas de la France est représentatif de ce qui s'est passé partout en Occident. Et tant qu'il n'y avait pas de contrainte globale sur l'énergie, ce qui s'est passé est que cette consommation énergétique, tant pour fabriquer nos multiples engins connectés que pour ce qui sert à les relier et à les faire fonctionner, est venue en plus du reste.

C'est maintenant, alors que démarre l'époque de l'énergie décroissante en Europe, que nous allons vraiment savoir si dans ce contexte nous aurons de plus en plus d'ordinateurs, ou au contraire de moins en moins. Faites vos jeux !

Mais que font les Nations unies ?

À l'heure où sont écrites ces lignes, la conférence de Paris sur le climat est en train de devenir une des grandes affaires du quinquennat. Et si cela est présenté comme une grande affaire, c'est qu'il y a derrière un grand enjeu, et que « ça passe ou ça casse ». Cette conférence sur le climat de fin décembre 2015 est volontiers présentée comme mettant sur les épaules de la France une charge historique et gaullienne qu'il convient de bien gérer.

Sans aucun doute, il serait souhaitable que cette conférence permette d'enregistrer un tournant dans l'avancée des négociations. Mais il se pourrait bien que le processus soit bien plus « dilué » que l'idée que s'en font beaucoup de gens, et que ce qui va se passer à Paris ne soit pas si discriminant que cela pour la future marche du monde.

Si nous faisons un petit retour en arrière, en 1997 se signe à Kyoto, au Japon, un protocole annexe à la Convention Climat, et qui consigne les engagements de réduction qu'un certain nombre de pays prennent en ce qui concerne leurs émissions de gaz à effet de serre. À peu près tout le monde occidental est concerné, en ce sens que les émissaires de tous les pays de l'OCDE venus sur place ont pris un engagement pour leur pays.

Avant de partir, et sur place, ils ont évidemment pris soin de demander au chef d'État jusqu'où ils peuvent aller. Les objectifs annoncés n'étaient donc pas, sauf exception, en porte-à-faux avec la position de l'exécutif. Mais cela ne suffit pas à leur donner force de loi. Pour cela, il faut, de retour au pays, faire endosser l'engagement par la représentation élue du peuple, ou par le peuple lui-même, *via* un référendum. C'est ce processus de ratification qui donne à l'engagement force de loi dans le pays concerné. Cela n'est pas propre à l'environnement, mais au droit international : un émissaire du gouvernement, fût-il ministre ou président, ne peut pas se substituer au Parlement pour décider tout seul, dans le cadre d'un sommet international, que le pays qu'il représente mettra en œuvre un engagement qui relève de la loi dans son pays.

Et c'est là que les signataires de Kyoto vont se diviser en deux camps : les pays où l'engagement du protocole est ratifié, et ceux où il ne l'est pas. Si le fait d'accepter une contrainte, et de la rendre « légale » par ratification était une véritable avancée par rapport au fait de ne pas le faire, on devrait maintenant constater, avec plus de dix ans de recul, que les émissions de CO_2 par unité de PIB, qui traduisent directement combien nous brûlons de pétrole, de gaz et de charbon pour obtenir 1 dollar de valeur ajoutée, ont davantage baissé dans les pays qui ont ratifié Kyoto que dans les autres.

Prenons la France, pour commencer, qui a assurément ratifié Kyoto. Le contenu en CO_2 du PIB a baissé de 30 % entre 1998 – année qui suit le protocole de Kyoto – et 2014. Mais, sur la même période, ce même indicateur a baissé de… 30 % aux États-Unis, qui sont mondialement connus pour ne pas avoir ratifié ce protocole. L'Allemagne, icône écologiste dans notre pays, ne fait pas mieux que nous (– 30 % sur la période), alors qu'elle part de plus haut, et qu'il faut toujours émettre 80 % de CO_2 en plus que chez nous outre-Rhin pour faire 1 euro de PIB.

Passons à l'Australie, pays du charbon par excellence (elle en est un des grands exportateurs et son électricité en dépend fortement), qui a ratifié le protocole de Kyoto après dix ans d'atermoiements. L'intensité CO_2 de son économie a pourtant décru de 33 % depuis 1998. Certes ils sont encore à 16 tonnes de CO_2 par habitant, mais les Pays-Bas, très écolos comme chacun sait, étaient exactement à ce niveau en 2010, et c'est uniquement la crise qui a conduit ce pays à une baisse de ses émissions par habitant, qui restent quand même parmi les plus élevées en Europe. Le Danemark a fait mieux, avec 46 % d'amélioration, mais la Russie, qui a ratifié très tardivement le protocole, et est notoirement connue pour ne pas trop se soucier de changement climatique, a elle atteint 47 % ! La Turquie, qui a ratifié Kyoto mais sans avoir d'objectif défini (c'était possible pour certains pays), a un contenu en CO_2 de son PIB qui n'a pas varié sur la période.

Le Japon, qui a ratifié Kyoto, a amélioré cet indicateur de 7 % seulement, soit à peine mieux que le Mexique, qui n'avait pas d'objectif de réduction, et a progressé d'un timide 5 % sur la même base. Toujours sur l'efficacité CO_2 de l'économie, les Chinois ont fait – 30 % sur la période 1998-2014, pendant que les Coréens, très préoccupés d'environnement dans les discours publics, ont fait – 20 % seulement, et ont augmenté les émissions par personne de 50 % sur la période.

Quel enseignement tirer de ce petit passage en revue ? Que ce que les gouvernements disent ou ne disent pas à Paris ne sera pas la question, ce qui est à la fois une bonne et une mauvaise nouvelle. Ce qui est important, en pratique, c'est que l'envie d'agir existe au niveau des populations et des secteurs économiques, et que cette envie existe pour des raisons objectives et non par effet de mode. En démocratie, c'est cette envie, maintenue dans le temps, qui permettra à la fois à la représentation élue de mettre en place les outils efficaces pour que baissent les émissions, et ensuite d'en revendiquer les résultats.

La principale vertu des négociations dans le cadre onusien, dans cette affaire, est de permettre au sujet de venir périodiquement sur le devant de la scène, et de rappeler aux dirigeants de tout poil (politiques, économiques, institutionnels, religieux, sociaux, etc.) qu'il faut qu'ils s'occupent de la question À ce titre, il est évidemment essentiel de les conserver. Mais l'action n'est pas dans les déclarations qui y sont faites, et les vrais débats sont ailleurs. Pour agir, il faudra limiter par la réglementation la consommation des voitures et camions neufs, taxer la détention d'une machine qui consomme de l'énergie à proportion de sa consommation (cela a été le cas pour les voitures, et pourrait l'être pour les chaudières), plus largement taxer (horreur !) l'énergie de manière croissante, obliger à rénover les bâtiments existants, interdire le financement des nouvelles centrales à charbon partout dans le monde, promouvoir le nucléaire (nouvelle horreur !), limiter la production industrielle en volume (encore une horreur, peut-être la pire de toutes), limiter la quantité de viande que l'on mange, bref implémenter des mesures qui conduiront à une modification, dans des proportions en rapport avec l'enjeu, de ce qu'il est convenu d'appeler les modes de production et de consommation.

Le principal débat, ensuite, est de savoir si on limite de manière communiste – tout le monde a droit à la même chose, ce qui s'appelle un rationnement –, ou si on limite de manière libérale – on taxe, et plus vous en consommez plus ca coûte cher –, ce qui permettra toujours au plus riche d'en consommer plus que le plus pauvre (mais c'est aussi vrai si on ne taxe pas !). Évidemment, toutes ces mesures limitent la consommation d'énergie fossile, puisque c'est bien le but. Et comme, au niveau mondial, les énergies décarbonées ne pourront remplacer à temps les fossiles en volume si ces dernières baissent de plus de 3 % par an, et pourront encore moins le faire si nous préférons les éoliennes au nucléaire, cela signifie que la consommation d'énergie tout court baissera.

Et comme l'efficacité énergétique de l'économie ne pourra pas non plus compenser la baisse des énergies fossiles à la bonne vitesse, car elle évolue trop lentement (et, comme évoqué plus haut, sur les quinze dernières années elle n'a pas bougé), cela signifie que le PIB baissera. Voici ce qui explique pourquoi les négociations climat patinent depuis vingt ans, et vont continuer à le faire un certain temps : comme CO_2 = PIB, préserver le climat revient ni plus ni moins à discuter de la meilleure manière de faire décroître le PIB en douceur. Il va donc falloir considérer comme désirables des évolutions qui sont tout l'inverse de ce que nous avons souhaité pendant des générations et des générations.

La production industrielle croissante était notre amie tant que nous pouvions avoir plus sans que l'environnement ne nous donne moins par ailleurs. Ce n'est plus le cas, et il va falloir apprendre à reconsidérer comme normal de payer cher les objets, d'en avoir moins, et de ne pas s'attendre à ce qu'ils soient remplacés la semaine d'après par un objet aux performances bien supérieures. Le « toujours plus » était la base de toute négociation sociale. Il va falloir apprendre à gérer du « un peu moins », réparti au mieux. Comme tout le monde va devoir faire des efforts, ceux qui sont aux commandes devront en faire eux-mêmes, et suffisamment pour donner envie au reste de la population d'en faire sans se sentir les dindons de la farce. Sinon, les barbares finiront par se révolter tôt ou tard contre cette caste de nantis.

Les dettes ne seront pour partie pas remboursées. Il faut réfléchir à la meilleure manière de provoquer et gérer cela (une inflation modérée sera probablement la meilleure manière), au lieu de s'arc-bouter sur des rêves de remboursement qui ne se réaliseront pas. Et dans cet univers qui va se contracter – il a déjà commencé à le faire ici et là –, il faudra gérer une modification climatique et écosystémique qui, à cause de nombreux effets retard, va augmenter pendant très longtemps, et créer globalement plus de perdants que de gagnants. Dans ce contexte, atterrir en douceur, sans léguer à nos enfants un monde dont nous ne voudrions pas pour nous-mêmes, sera le défi de notre siècle. Il va brutalement secouer la démocratie, nos dogmes économiques, certaines convictions religieuses, les acquis sociaux, bref tout ce qui est né dans le monde en croissance qui a été le nôtre pendant huit générations, mais qui commence à s'estomper sous nos yeux. Et pourtant, il faut transformer tout cela en projets d'espoir. Que la force soit avec nous !

La concurrence ou l'environnement, il va falloir choisir

L'énergie en quantité croissante ayant façonné jusqu'au moindre détail du monde qui nous entoure, de très nombreuses règles que nous nous sommes données, et qui fonctionnaient très bien dans ce contexte, se mettent à se retourner contre nous dans un monde à l'énergie décroissante. Il en va ainsi de la libre concurrence, censée favoriser le consommateur sans pénaliser le citoyen. Dans le contexte qui nous occupe, cela signifie que la libre concurrence permet au consommateur d'être plus heureux sans créer de nuisances particulières ailleurs.

Malheureusement, ce n'est plus le cas. La libre concurrence étant censée favoriser la baisse du prix des produits – ou l'amélioration de leur rapport qualité/prix, ce qui revient au même – favorise l'augmentation de la consommation, donc du prélèvement et de la transformation des ressources naturelles. Et dire qu'elle favorise l'augmentation de la transformation, c'est dire qu'elle a besoin... de plus d'énergie pour produire ses effets en permanence. Sinon ? Sinon, l'absence d'énergie croissante engendre l'absence de production croissante, et comme il faut bien respecter l'arithmétique, cela signifie alors que toute augmentation des ventes d'une entreprise A suppose nécessairement de tuer une partie d'une activité existante d'une entreprise B. Autrement dit, dans le monde à l'énergie infinie, comme tout croît partout, le bonheur du consommateur peut être compatible avec le bonheur du salarié. Dans le monde de l'énergie contrainte, cela cesse d'être vrai : il n'est plus possible d'avoir des prix de plus en plus bas pour tout et tout le monde et un emploi pour tous. N'est-ce pas déjà l'évolution que l'on observe ?

L'énergie contrainte mariée à la libre concurrence va avoir une autre conséquence, sur les investissements cette fois : elle va les dissuader. En effet, pour investir, il faut avoir confiance dans le fait que le contexte futur sera suffisamment favorable pour rentabiliser l'investissement. Or la concurrence a justement pour objet de créer un peu d'incertitude pour les entreprises, ce qui les force à être agiles, innovantes et réactives, pour le plus grand bénéfice du consommateur qui dispose du résultat de cette mise sous pression sans perdre son emploi par ailleurs.

Dans le monde de l'énergie infinie, la concurrence ne crée pas tant d'incertitudes qu'elle empêche les entreprises d'investir. Comme il y aura de la place pour tout le monde, ce que font les voisins au même moment ne va pas, sauf exception, vous manger tellement d'espace vital que cela condamne votre propre plan à l'échec. Mais dans le monde de l'énergie décroissante, l'espace de jeu collectif se réduit un peu plus chaque année. Du coup, si on ne protège pas certains secteurs ou investissements, chaque entreprise voit son avenir menacé. Celles qui pensent que leur domaine reste suffisamment à l'abri des contraintes futures, et que l'on peut investir, iront en diminuant, et cette baisse sera d'autant plus sensible pour les investissements lourds, ceux qui demandent beaucoup de temps pour être remboursés, et sont exposés à la concurrence.

Cela signifie, entre autres, que les investissements longs et décarbonants doivent impérativement être mis dans un cadre un peu protégé – donc régulé – pour prendre place, puisqu'ils devront, comme tous les autres, résister à un univers économique en contraction. Et quand, par chance, ces investissements décarbonés sont encore aujourd'hui dans un cadre protégé, il est essentiel qu'ils y restent. Il est donc absurde, dans ce monde de la décroissance énergétique qui est déjà le nôtre, de chercher à mettre dans la libre concurrence les infrastructures lourdes (transport, production électrique, eau, télécoms, etc.). La bonne chose à faire est d'encadrer le monopole ou l'oligopole pour s'assurer que ses rentes seront limitées à ce qui est nécessaire pour assurer le bon fonctionnement de l'infrastructure, et pas plus, mais l'idée même qu'il faut continuer à mettre de la concurrence partout et tout le temps est devenue non seulement anachronique, mais dangereuse en ce qui concerne les infrastructures vitales. En revanche, il est plus que légitime que le contrat passé avec la puissance publique intègre de plus en plus de décarbonation dans la gestion, le renouvellement ou la construction des infrastructures. Et il est aussi plus que légitime que la puissance publique ne traite pas de manière égale tous les investissements, mais cherche à favoriser les plus efficaces pour décarboner.

L'énergie contrainte devrait donc mener à réviser le mandat européen. L'Europe a été construite pour faire la paix, pas pour faire un marché. Il faudrait donc retourner devant les peuples des pays qui constituent l'Union et leur soumettre, par référendum, un texte court et explicite qui énumérerait ce que sont les objectifs de l'Europe dans ce nouveau contexte, dans un langage compréhensible, et qui pourrait ensuite servir de base à un nouveau traité constitutionnel qui s'occuperait des modalités pratiques de mise en œuvre.

Quels objectifs ? On pourrait tout d'abord rappeler explicitement que l'Union européenne a pour objectifs premiers le maintien de la paix, et l'établissement d'un bien-être durable au profit des peuples qui la composent. On pourrait aussi affirmer que l'Union européenne prend en compte les stocks résiduels de ressources, et pas seulement les flux annuels tirés de ces stocks, dans l'ensemble des politiques pour lesquelles elle a la compétence. On pourrait ajouter que la croissance des flux annuels ne doit pas être la principale justification des politiques publiques promues ou décidées par l'Union européenne, et que l'Union européenne encourage les modèles économiques pérennes qui supportent la limitation de l'exploitation des ressources naturelles et la réduction des impacts sur l'environnement. On pourrait proposer le niveau de solidarité qui correspond à ce « vivre ensemble dans le monde fini », ce qui suppose entre autres choses qu'aucun État de l'Union ne cherche à rendre pérenne un excédent commercial réalisé sur le dos des autres membres sans que l'argent ainsi gagné ne soit redistribué dans des mécanismes de solidarité, ou sans que des dévaluations internes permettent de remettre les pays sur un pied d'égalité.

Bref, on pourrait énoncer explicitement que nous allons chercher à vivre en paix et dans la bonne humeur dans une boîte qui n'a pas une taille infinie, au lieu de trouver le mot « croissance » toutes les deux pages dans les documents produits par l'Europe, ce qui explique pourquoi elle persévère dans une approche libérale qui n'est plus pertinente avec des contraintes physiques.

Le ministre et (l'oubli de) la règle de trois

Il n'y a pas que l'Europe que l'énergie contrainte déstabilise. Dans notre cher pays, elle a aussi créé une tension croissante dans le dialogue entre le politique et l'expert. Dans le monde infini, la relation était apaisée parce que l'exercice était facile : le politique faisait une promesse, se faisait élire, et comme il y avait de plus en plus de moyens, il demandait au technicien – « expert » de son domaine – de la mettre en œuvre sans que l'on se prive de quoi que ce soit d'autre par ailleurs. Et cela fonctionnait.

Dans notre monde désormais contraint sur l'énergie, le politique n'a pas changé de règle, peut-être parce que la promesse est consubstantielle à la démocratie. Il commence donc par faire des promesses qui demanderaient des moyens qu'il n'a pas. Mais le technicien, ou l'expert, qui s'oblige un peu plus souvent que lui à faire des règles de trois, voit bien que cela va avoir du mal à passer. Il en va ainsi des rêves de nouveaux TGV ou de nouvelles autoroutes qui ne résistent pas à une vision réaliste du trafic futur (qui dépend de l'énergie), des envies de projets immobiliers qui ne résistent pas à l'état réel de l'économie (le taux d'occupation des bureaux diminue quand la croissance est plus faible), et tout à l'avenant.

De là, il y a deux possibilités pour notre fonctionnaire-technicien. La première est d'essayer de convaincre l'élu qu'il se trompe. Mais ce dernier expliquera au fonctionnaire que la légitimité des urnes est de son côté, et que l'onction du suffrage populaire sur une promesse pèse autrement plus lourd que les lois de la physique ou la règle de trois. Dans sa vision du rapport de forces, l'exécutant est là pour exécuter, pas pour discuter. Quand le lien de confiance est bon, et en particulier que l'élu accepte de se déjuger partiellement, cette approche peut quand même donner des résultats. Mais, en pratique, elle conduit le plus souvent à amender, rarement à renoncer, et un mauvais projet, même amendé, reste souvent un mauvais projet ! La deuxième attitude possible pour le technicien est de ne rien discuter du tout, et d'appliquer les instructions tout en sachant qu'à l'arrivée il n'y aura pas le résultat promis, car il sait, lui, que les lois de la physique sont inviolables, et la règle de trois aussi.

Dès lors, pour ne pas devenir complètement schizophrène, il va mettre son intelligence au service de la mauvaise foi. Il tentera de présenter la décision de son élu comme à la fois pertinente et compatible avec le monde tel qu'il est, en choisissant soigneusement les arguments ou exemples qui permettent de le démontrer. Il faut alors être un bon expert du domaine pour débusquer les failles dans le raisonnement, mais l'essentiel de la population s'y laissera facilement prendre. Notre fonctionnaire espérera par ailleurs que, quand il deviendra patent que le projet était destiné à rater, personne ne se souviendra qu'il a fait partie des gens qui l'ont soutenu en expliquant que c'était formidable. Les ministères et les agences gouvernementales sont remplis de ces individus qui ne font qu'appliquer à leur cas personnel une variante du bon vieil instinct de survie... Les ministères sont aussi remplis de fonctionnaires qui, pour anticiper le côté par trop imprévisible de l'humeur politique, tentent de forger des forteresses qui résistent aux alternances, créant ainsi un corporatisme systématique qui est fort utile contre les promesses idiotes, mais un ennemi contre les vraies nécessités de changement.

Nous voici donc devant un obstacle inédit qui remet tout en question, la contraction énergétique et le changement climatique, avec pour tout bagage la capacité de réponse de la démocratie, système myope, lent, incohérent souvent. Et plus nous chercherons la « démocratie parfaite » à court terme, celle où tout le monde a le droit de tout faire, et moins nous serons efficaces face au défi à relever, courant alors le risque maximum que le problème se règle d'une manière qui ne nous aura rien demandé, puisque les lois de la physique et des mathématiques seront respectées de toute façon. L'ironie de l'histoire sera alors que, pour préserver un petit espace de liberté supplémentaire à court terme, nous aurons fortement augmenté le risque que la résolution involontaire du problème se fasse au détriment de la démocratie. L'histoire a trop souvent montré que la guerre n'est jamais très loin derrière les totalitarismes. Quel prix sommes-nous prêts à payer tout de suite et de manière concertée pour éviter de déclencher, bien avant la fin du siècle, le retour à la barbarie généralisée sur une planète irréversiblement appauvrie ?

Conclusion

Il fallait bien s'arrêter un jour : ce livre qui s'achève ne dira donc rien sur d'autres malentendus courants dans les débats sur l'énergie.

La France serait un pays « tout nucléaire » ? Le nucléaire représente certes 75 % de notre électricité, mais au total un peu moins de 20 % de l'énergie qui alimente l'ensemble de nos machines, quand les produits pétroliers contribuent pour leur part à plus de 40 % de cette même énergie, et alimentent en particulier la quasi-totalité des transports, chez nous comme partout ailleurs. Et nous ne sommes même pas les premiers consommateurs d'électricité nucléaire par personne au monde : cette première place sur le podium appartient aux Suédois.

Le pétrole, moins il y en a plus il y en a ? Il y a quarante ans, on nous annonçait quarante ans de pétrole, et désormais les réserves se montent toujours à quarante ans. Conclusion logique : arrêtons d'écouter les Cassandre. C'est oublier qu'une réserve n'est pas une durée, mais un volume. Avoir exprimé les réserves en « années de consommation constante » est probablement la plus emblématique des mauvaises manières de poser un problème : cela a conduit à l'illusion de la tranquillité pour la même durée. Hélas, il est parfaitement possible de consommer 40 fois le volume de l'année écoulée… sur quatre cent cinquante-huit ans, avec un approvisionnement perpétuellement décroissant, et donc une économie en récession perpétuelle. Ce raccourci délétère a détourné nos dirigeants de ce qui se passe vraiment depuis 2007, début de la décrue pétrolière qui est à l'origine de nos difficultés économiques actuelles.

Les Russes menacent notre approvisionnement énergétique en gaz ? La part du gaz européen qui vient de Russie est de 20 % environ, mais la part du pétrole consommé en Europe qui vient de Russie est de 20 % environ aussi. Un peu moins de gaz nous empêche de nous chauffer d'autant, quand un peu moins de pétrole nous empêche de nous déplacer d'autant. Où est notre premier problème ?

Les États-Unis seront indépendants énergétiquement en 2020 grâce au merveilleux pétrole de schiste ? Voire : ils importent aujourd'hui 40 % du pétrole qu'ils consomment, et à l'heure où ce livre est mis sous presse, leur production domestique a commencé à baisser, de sorte qu'il est peu probable qu'ils n'aient plus besoin d'importer d'or noir à l'horizon de visibilité. Ajoutons que, dans ce pays, ce développement a pu prendre place grâce à une conjonction unique de conditions favorables – sur la géologie, sur les infrastructures déjà en place, sur les compétences techniques déjà acquises, sur le droit minier qui n'existe nulle part ailleurs en démocratie, et sur les largesses de la banque centrale – qui ne seront peut-être jamais réunies ailleurs dans le monde.

Ami lecteur, j'espère vous avoir convaincu d'une chose : si nous continuons à baser nos débats concernant l'énergie sur un tel empilement de malentendus, cela ne nous empêchera pas d'assurer un « avenir durable » à l'espèce humaine. Mais il n'est pas certain qu'il correspondra à l'idée que s'en font nos concitoyens.

Remerciements

La liste des personnes à qui on doit une partie, petite ou grande, du chemin qui a permis d'arriver jusqu'à un livre excède toujours la liste des noms des heureux – ou malheureux, tout dépend des points de vue – élus qui auront droit à un patronyme en fin d'ouvrage.

Mais puisqu'il faut choisir, choisissons. Merci à Hervé Le Treut, Jean-Pascal Van Ypersele, Pierre-René Bauquis, Bernard Durand, Bertrand Barré, Hubert Flocard, Olivier Rech, Jacques Treiner, et plus largement à nombre de chercheurs du LSCE, du LGGE, du LIED, de l'IFP, et d'encore ailleurs, de m'avoir permis de comprendre un peu mieux le monde physique de l'énergie ou du climat.

Merci à Alain Grandjean, Gaël Giraud, Michel Lepetit, et d'autres à nouveau, de m'avoir permis de comprendre un peu mieux le monde aussi fascinant qu'inquiétant de la finance mondiale et la raison pour laquelle les modèles économiques sont trop souvent faits pour produire uniquement des projections sympathiques.

Merci à mes collaborateurs de Carbone 4, The Shift Project, mes clients et, plus généralement, à tous ceux avec qui j'ai eu le plaisir de partager une partie de ma vie professionnelle, sans laquelle jamais je n'aurais eu accès à nombre d'observations qui ont aussi nourri ma réflexion.

Merci à Nicolas Witkowski, éditeur fidèle et impliqué depuis bientôt quinze ans, qui a su se montrer insistant ce qu'il fallait pour que naissent les pages que vous venez de parcourir. Sinon, il est possible qu'elles seraient restées pour longtemps encore un projet pour « plus tard », enfoui sous les urgences sans cesse renouvelées de la vie quotidienne !

Merci à Hélène, Marion et Alice d'avoir dû se frotter plus souvent qu'à leur tour à ce qui doit évoquer le comportement d'un ours brun en sortie d'hibernation, à savoir votre serviteur quand il cherche à se concentrer sur le calcul ou la phrase du moment.

Merci à l'affreuse finance – la Banque mondiale – et à l'affreux pétrole – BP – de mettre à la disposition de tous des séries statistiques uniques, sans lesquelles jamais je n'aurais pu mener les analyses qui ont inspiré ces pages.

Et surtout merci à toutes celles et à tous ceux qui, en ayant acheté mes précédents ouvrages, ou en contribuant aux statistiques de consultation de mon site (www.manicore.com), m'incitent d'autant à persévérer. Se sentir utile – ou le croire, ce qui revient au même – n'est pas le pire des châtiments : ce livre est donc aussi dédié à mes lecteurs, tout simplement !

Table

DU MÊME AUTEUR

Chez Odile Jacob

Transition énergétique pour tous. Ce que les politiciens n'osent pas vous dire, 2013.

Chez d'autres éditeurs

L'Avenir climatique. Quel temps ferons-nous ?, Seuil, 2002.

L'Effet de serre. Allons-nous changer le climat ? (avec Hervé Le Treut), Flammarion 2004.

Le plein s'il vous plaît ! La solution au problème de l'énergie (avec Alain Grandjean), Seuil, 2007.

Le Changement climatique expliqué à ma fille, Seuil, 2009.

C'est maintenant ! Trois ans pour sauver le monde (avec Alain Grandjean), Seuil, 2010.

Changer le monde : tout un programme, Calmann-Lévy, 2011

Cet ouvrage a été composé
en Electra et en Whitney
par Nord Compo
à Villeneuve-d'Ascq (Nord).

Imprimé par CPI
en octobre 2015

N° d'édition : 7381-3252-X – N° d'impression : 131372
Dépôt légal : novembre 2015

Imprimé en France